绿色水产养殖典型技术模式丛书

池塘流水槽循环水
养殖技术模式

CHITANG LIUSHUICAO XUNHUANSHUI
YANGZHI JISHU MOSHI

全国水产技术推广总站 ◎ 组编

U0246053

中国农业出版社
北京

本书编写人员

丛书序
Preface

■ ■ ■ ■

　　绿色发展是发展观的一场深刻革命。以习近平同志为核心的党中央提出创新、协调、绿色、开放、共享的新发展理念，党的十九大和十九届五中全会将贯彻新发展理念作为经济社会发展的指导方针，明确要求推动绿色发展，促进人与自然和谐共生。

　　进入新发展阶段，我国已开启全面建设社会主义现代化国家新征程，贯彻新发展理念、推进农业绿色发展，是全面推进乡村振兴、加快农业农村现代化，实现农业高质高效、农村宜居宜业、农民富裕富足奋斗目标的重要基础和必由之路，是"三农"工作义不容辞的责任和使命。

　　渔业是我国农业的重要组成部分，在实施乡村振兴战略和农业农村现代化进程中扮演着重要角色。2020 年我国水产品总产量 6 549 万吨，其中水产养殖产量 5 224 万吨，占到我国水产总产量的近 80%，占到世界水产养殖总产量的 60% 以上，成为保障我国水产品供给和满足人民营养健康需求的主要力量，同时也在促进乡村产业发展、增加农渔民收入、改善水域生态环境等方面发挥着重要作用。

　　2019 年，经国务院同意，农业农村部等十部委印发《关于加快推进水产养殖业绿色发展的若干意见》，对水产养殖绿色发展作出部署安排。2020 年，农业农村部部署开展水产绿色健康养殖"五大行动"，重点针对制约水产养殖业绿色发展的关键环节和问题，组织实施生态健

1

康养殖技术模式推广、养殖尾水治理、水产养殖用药减量、配合饲料替代幼杂鱼、水产种业质量提升等重点行动，助推水产养殖业绿色发展。

为贯彻中央战略部署和有关文件要求，全国水产技术推广总站组织各地水产技术推广机构、科研院所、高等院校、养殖生产主体及有关专家，总结提炼了一批技术成熟、效果显著、符合绿色发展要求的水产养殖技术模式，编撰形成"绿色水产养殖典型技术模式丛书"（简称"丛书"）。"丛书"内容力求顺应形势和产业发展需要，具有较强的针对性和实用性。"丛书"在编写上注重理论与实践结合、技术与案例并举，以深入浅出、通俗易懂、图文并茂的方式系统介绍各种养殖技术模式，同时将丰富的图片、文档、视频、音频等融合到书中，读者可通过手机扫描二维码观看视频，轻松学技术、长知识。

"丛书"可以作为水产养殖业者的学习和技术指导手册，也可作为水产技术推广人员、科研教学人员、管理人员和水产专业学生的参考用书。

希望这套"丛书"的出版发行和普及应用，能为推进我国水产养殖业转型升级和绿色高质量发展、助力农业农村现代化和乡村振兴作出积极贡献。

丛书编委会

2021 年 6 月

前 言
Foreword

■■■■

　　池塘流水槽循环水养殖技术模式是近年来在我国新兴起的一项水产养殖技术模式。2013年，在江苏省开始试验示范，由于其具有产量高、产品质量优、粪便和残饵等废弃物可回收等突出优点，后快速在江苏周边的安徽、上海等地辐射推广。2017年，全国水产技术推广总站组织了16个省、自治区、直辖市进行示范推广。据不完全统计，2020年，全国建设各类流水槽循环水养殖水槽5 740条，水槽面积超过70万米^2，涉及池塘面积2 617.6公顷。2021年，该项技术模式被农业农村部列为10项重大引领性技术之一在全国示范推广。

　　本书重点介绍了该技术模式的主要原理、系统设计建造的原则、主要品种养殖技术、主要病害防控技术、养殖基地建设生产实例等，并对该技术模式在全国进一步示范推广后可能产生的社会、经济、生态等效益进行了研究分析。

　　本书编写分工：第一章第一节、第五节由张永江、王明宝编写，第二节、第四节由易俊陶编写，第三节由李明爽编写；第二章第一节、第二节由张永江、王明宝编写，第三节由易俊陶、高浩渊编写，第四节由茆健强、王紫阳编写；第三章由张永江、高浩渊编写；第四章由方苹、张永江编写；第五章第一节由易俊陶编写，第二节由张永江、王紫阳编写，第三节由林海、张呈祥编写；第六章第一节、第三节由张永江编写，第二节由林海、张永江编写。全书由胡红浪、陈学洲统

筹策划，张永江统稿，胡红浪、陈学洲、张永江审定。吴建平、张茂友等参与了全书的审稿并提供了部分资料。

何玉明翻译的部分资料也为本书编写提供了帮助；安徽省水产技术推广总站魏泽能提供了相关技术标准材料。此外，书中所有图片均为作者在相关养殖基地的帮助下完成，在此向相关养殖基地一并表示衷心的感谢！

由于作者水平有限，书中难免存在错误和疏漏，敬请广大读者批评指正。

编　者

2021 年 8 月

目　录
Contents

■ ■ ■

第一章

池塘流水槽循环水养殖模式概述

第一节 技术模式的来源与原理

一、概念

池塘流水槽循环水养殖模式是利用池塘的小部分面积（2%～5%）建设养殖水槽，其他面积构建生态净化系统，采用工程化生产手段，通过智能化管理，实现养殖生产安全高效的水产养殖模式。

二、发展历史

池塘流水槽循环水养殖技术源于美国，原为美国克莱姆森大学、密西西比州立大学、奥本大学等的科技人员在实验室开展的技术研究，后在美国南部野外的养殖场和美国奥本大学试验基地开展了初步养殖试验。2013年，美国大豆出口协会将该技术优化后，与江苏省渔业技术推广中心合作，在吴江区水产养殖有限公司的一个3公顷的养殖池塘中建设了3个养殖水槽（水槽为砖混水泥结构，底部为混凝土浇筑，其中2个水槽长25米、宽5米、深2米；1个水槽长25米、宽3米、深2米，用于养殖部分的长度均为22米），当年养殖草鱼成鱼和鱼种获得成功。2014年起，江苏省海洋与渔业局组织部分地区的水产养殖单位开展试验性推广，推广养殖品种主要为草鱼、异育银鲫等，各试验点基本获得成功，并在技术推广中不断完善和丰富了水槽建造、设备配套和养殖技术规范等。2015年后，该技术在江苏省及周边省份得到广泛推广。2016年，江苏省渔业技术推广中心组织省内相关技术人员编写了《池塘工程化生态养殖系统建设与生产运行技术要点》，并下发到全省。2017年初，江苏省海洋与渔业局召开了"池塘工程化生态养殖技术推进会"，并印发了推进意见。至2019年底，在江苏省各级财政资金的支持下，池塘流水槽循环水养殖技术模式得到较大规模发展，全省累计建设各类水槽的面积超过30万米^2，涉及池塘面积近2 666.67公顷，水槽结构也从最初的砖混水泥发展到框架拼装式、玻璃钢式、不锈钢式等多种形式；建设地点也从传统的养鱼池塘扩展到河蟹养殖塘、水稻田等；养殖品种从草鱼、鲫等扩展到加州鲈、青鱼、乌鳢、梭鱼、团头鲂、黄颡鱼、大鳞鲃、翘嘴红鲌、斑点叉尾鲴等（图1-1）；每个养殖单位的建设水槽也从几个到十几个、几十个不等；各种装备的智能化操作和管理也得到逐步发展和完善，池塘流水槽循环水养殖已经从试点摸索发展出多样化、规模化、集约化、标准化、智能化、品牌化的模式。

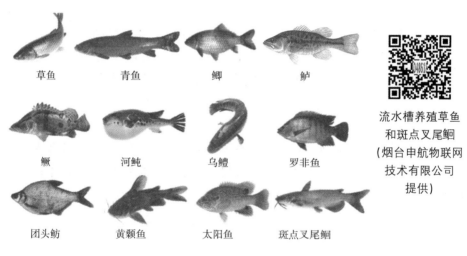

草鱼　青鱼　鲫　鲈

鳜　河鲀　乌鳢　罗非鱼

团头鲂　黄颡鱼　太阳鱼　斑点叉尾鲴

流水槽养殖草鱼和斑点叉尾鲴（烟台申航物联网技术有限公司提供）

图1-1 水槽养殖的主要品种

三、技术原理

该技术原理源于80∶20养殖模式，也就是在占池塘面积2%～5%的水槽中采用工程化生产手段，通过智能化管理，养殖80%左右的吃食性鱼类，在占池塘面积95%～98%的净化区套养20%左右的"服务性"鱼类，并种植水生植物，投放螺蛳、河蚌和其他少量杂食性虾蟹、凶猛性鳜以及鳖等特种水产品种，以利用和净化养殖水槽中产生的未被收集的残饵、粪便等营养物质。另外，通过建设导流堤（墙）和架设推水增氧设备，使整个池塘生产系统水体形成良性循环，将传统养殖方式的"散养"改为"圈养"（图 1-2）。2013 年，美国大豆出口协会中国办事处的工作人员与江苏省渔业技术推广中心技术人员开始在吴江水产养殖有限公司做试点示范，当时他们将这项技术命名为池塘循环流水养殖技术（IPA）。

传统池塘养殖技术模式（开放式/"散养"）➡️
新型池塘流水槽循环流水养殖技术模式（限制式/"圈养"）

80：20常规池塘养殖　　　　新型池塘流水槽循环流水养殖

图 1-2　技术模式实景图

1. 水槽养殖的原理

池塘流水槽循环水养殖技术模式的水槽养殖与传统池塘养殖其原理和方法完全不同。传统池塘养殖是静水低密度养鱼，而池塘流水槽循环水养殖技术模式的水槽养殖是流水高密度养鱼，因此水槽养殖对配套设备、电力保障、管理者素质等的要求比传统池塘养殖高得多。首先，水槽养殖对鱼种质量的要求比传统池塘养殖要高得多。水槽养殖中鱼的密度是传统池塘养殖的几十倍，进入水槽的鱼种应激反应更加强烈，由此引起的病害可能造成养殖鱼全军覆没，而这种现象在传统养殖池塘一般不太可能出现。其次，水槽养殖对饲料投喂的要求也同样比传统池塘养殖高许多。一是投喂时间，这主要根据养殖品种及规格、养殖池塘水温、天气变化确定。二是投喂频率，同样根据养殖品种及规格、养殖池塘水温、天气变化确定。三是投喂时间长度，对于高密度养殖，目前普遍采用 90％饱食法进行投喂管理，这就要求管理者必须认真观察水槽中鱼类每次的吃食状况并详细记录分析，及时根据吃食状况和鱼类规格、水温、天气状况等进行调整。再次，水槽中溶解氧水平与水流速度、鱼类规格、水温状况、鱼类密度等要协调好。既要保证水槽中溶解氧在一个较高的水平（≥5 毫克/升），又不能

使水槽中水体流速太快，一般须保持水槽出水尾端水体流速介于3～5厘米/秒。

2. 污物处理的原理

池塘流水槽循环水养殖技术模式与传统池塘养殖相比较为突出的特点是增加了污物处理系统。通过在水槽出水末端安装污物收集设施，并通过智能化操控或人工控制的方法，对残留在水槽尾端的粪便、残饵进行回收处理；而对于已经流出水槽进入大塘净化区的粪便、残饵，则通过套养"服务性"鱼类，并种植水生植物，投放螺蛳、河蚌和其他少量杂食性虾蟹、凶猛性鳜以及鳖等特种水产品种来进行利用和净化。简单来说，池塘流水槽循环水养殖技术模式对于养殖过程中产生的污染物是采取积极主动的方式去处理的，同时在主动干预处理过程中，充分利用物理的、生物的方法，尽量做到循环利用，既保持生产系统的良性循环，又充分发挥投入水槽中未被鱼类吸收利用的营养物质的价值，并充分利用大塘净化区大水体产生经济效益，提高整个养殖系统的综合效益。

第二节　技术模式的优势

一、环境友好，商品鱼品质优良

池塘流水槽循环水养殖技术模式最重要的原理就是通过建设养殖水槽和构建净化区，在水槽中采用工程化生产手段，通过智能化管理，高密度养殖吃食性鱼类，并在水槽出水末端安装污物收集设施回收残饵、粪便；在大塘净化区套养"服务性"鱼类，并种植水生植物，投放螺蛳、河蚌和其他少量杂食性虾蟹、凶猛性鳜以及鳖等特种水产品种，利用和净化水槽中产生的未被收集的残饵、粪便等；另外，通过建设导流堤（墙）和架设推水增氧设备，使整个池塘生产系统水体始终处于良性循环状态。由于养殖水槽和大塘净化区水体始终处于高溶解、氧微流水状态，所以生态环境良好，生产的各种商品鱼类品质优良。

二、水体溶解氧高，饲料吸收和利用率高

水槽中鱼类的密度虽然较高，但由于在水槽前端和大塘净化区安

装了推水增氧设备，在水槽底部也安装了底增氧设备，可以保障高溶解氧水体在水槽中循环流动，从而保障水槽中鱼类在富氧环境下较快生长。由于鱼类密度较高，每次投喂的饲料可以在较短时间内被养殖鱼类抢食。这种特点，一方面，可以较好地观察鱼类的生长活动情况；另一方面，也可以根据鱼类抢食时间及水温状况和鱼类规格精确计算和控制饲料投喂量，既保证鱼类可以较快生长，又避免饲料浪费。

三、高温季节可正常吃食和生长

根据几年的生产实践，江苏省大部分池塘流水槽循环水养殖技术模式生产单位建设的养殖水槽的深度基本上达到 2.5 米左右，生产周期内水槽中水体深度基本在 1.8～2.0 米，一方面可以使水槽的水体容量加大，增加载鱼量，提高养殖产量；另一方面，在养殖高峰期，通过推水增氧设备，将池塘底部较低温度的水体推进水槽中，降低水槽中水体的温度，使养殖鱼类生活在较适宜的水体环境中。根据对水槽水体和大塘表层水体水温的测定，在 6 月中旬至 9 月底的生产高峰期（也是全年的高温季节），通过推水增氧设备带入水槽中的水体水温比大塘表层水体水温低 2～3℃，因此即使在夏季高温天气鱼类也可以正常吃食和生长。

四、发病率低，发生病害可有效治疗

由于整个生产系统始终处在良好的循环运行中，加之定期用生石灰和含氯制剂对大塘净化区进行消毒杀菌并使用微生态制剂进行调水，水槽养殖区的鱼类又可以得到良好和充足的营养，因此整个生产系统的各种水生动植物均处于良好的生活生长状态，发生病害的概率很低。同时，水槽中养殖的鱼类随时都处在严密监测下，一旦发生病害，可以及时进行病情诊断，筛选有效药物进行治疗。由于水槽鱼类密度高，可以使用极少的药物进行治疗，相对于整个大塘散养状态的治疗，其操作方便、用药量计算精确、用药效果显著。根据几年的生产实践统计，相对于传统池塘养殖技术模式，池塘流水槽循环水养殖技术模式在病害防治方面用药量减少 80% 以上，有效减轻了养殖过程中因药物使用对养殖产品和环境造成的影响。

五、全程监控，水产品质量可追溯

随着池塘流水槽循环水养殖技术模式生产单位的建设规模不断扩大，各单位对系统建设的资金投入也不断增加，各种生产设施设备和智能化监控及操作管理系统也不断升级和完善。目前，部分生产单位已经能够完全在室内进行有效的生产管理，各个生产环节可以进行精准操控和全程追溯。因此，该技术模式的规模化发展，对于完善和提高水产品质量监管体系及监管水平具有显著的推动和促进作用。

第三节　技术模式发展的必要性

池塘流水槽循环水养殖技术模式具有契合绿色发展理念、资源利用率高、使用范围广、产品优质安全、与市场衔接好、尾水排放受控、适合现代渔业装备发展要求等特点。示范推广该技术模式的必要性主要体现在"八个需要"上。

一、贯彻落实水产养殖绿色发展理念的需要

党中央、国务院高度重视生态文明建设和水产养殖业绿色发展。党的十九大提出加快生态文明体制改革，建设美丽中国，要求推进绿色发展，着力解决突出环境问题；习近平总书记多次强调，绿水青山就是金山银山，要坚持节约资源和保护环境的基本国策，推动形成绿色发展生产方式和生活方式。2019 年经国务院同意，农业农村部等 10 部委联合印发了《关于加快推进水产养殖业绿色发展的若干意见》（农渔发〔2019〕1 号）（以下简称《意见》）。这是当前和今后一个时期指导我国水产养殖业绿色发展的纲领性文件，对水产养殖业的转型升级、绿色高质量发展都具有重大而深远的意义。《意见》在第七条第二十二款中明确提出支持工厂化循环水、养殖尾水和废弃物处理等环保设施用地，保障深远海网箱养殖用海，落实水产养殖绿色发展用水用电优惠政策（图 1-3）。

图 1-3 公园式池塘流水槽循环水养殖场

二、提高资源利用率的需要

首先，池塘流水槽循环水养殖技术模式土地的资源利用率高，该技术模式利用现有的池塘养殖占用的土地，可以实现传统池塘 3～5 倍的水产品产量，有效提高水产品的市场供应水平，满足人民群众对水产蛋白质的需求，把"菜篮子"掌握在自己手中。其次，劳动生产率高，由于大量利用机械设备和智能化管理进行生产，1 个劳动力可以管理 6.67 公顷左右的池塘，劳动效率提高 5 倍左右，节约了劳动力资源，提高了劳动者收入。再次，水资源利用率高，几年的生产实践表明，该技术模式可以做到 1 次进水基本满足一个生产周期的养殖需求，平均 1 吨水生产 1 千克鱼的水平。最后，节约饲料，由于大量采用膨化颗粒饲料，饲料的散失率小，饲料系数下降，可以将传统池塘养殖饲料系数降低 10％左右，从而提高饲料转化率。

三、提高优良模式覆盖面的需要

该技术模式是一个比较通用的模式，可以在我国水产养殖主要生产地区的传统池塘养殖中广泛使用，也可以在其他类型的水面中推广使用。从养殖类型来看，既可以在淡水池塘中使用，也可以在海水池塘中使用；既可以在河沟养殖中使用，也可以在提水养殖中使用；既可以在湿地养殖中使用，也可以在稻田养殖中使用。从地域来看，基本可以在全国各地使用。从目前的推广应用来看，从东到西、从南到北，只要是适合池塘养殖的地域，几乎都可以使用。从技术拓展方面来看，在湖泊、浅滩、

大型河道、景区等也可以开发使用，甚至在环境保护和水处理领域都有运用的空间。所以，该技术模式的发展前景十分广阔。

四、提供优质安全水产品的需要

1. 产品品质优良

该技术模式养殖的水产品绝大部分在水槽中生长，而从理论上来说，水槽处于流水状态，养殖的鱼类整个生长期都处于运动之中，人们戏称水槽中养殖的鱼是跑步机上下来的"跑步鱼""健身鱼"；另外，养殖鱼类始终处于流水养殖状态，就像山间流出的溪水，鱼在"溪水"中养殖，所以人们又称它为"流水鱼"。从烹调的口感来说，水槽中养殖的鱼长时间保持运动，肌肉紧实，吃过的食客都认为其有嚼劲，像大黄鱼，有"蒜瓣肉"的感觉，所以其常被称为"生态鱼"。消费者在夏季吃草鱼时，池塘养殖的鱼一般情况下只能红烧，而水槽中养殖的草鱼却可以烧汤，味道十分鲜美，被冠以"美味鱼"之名。水槽生产的水产品的品质也有实验室检测数据予以验证，中国水产科学研究院淡水渔业研究中心对水槽养殖的青鱼和传统池塘养殖的青鱼做了分析研究，结果如表1-1至表1-4、图1-4所示。

表1-1　肌肉质构特征

质构参数	传统池塘养殖	水槽养殖
弹性（比率）	0.41±0.10	0.42±0.02
硬度（N）	218.69±10.94	659.05±30.62
黏聚力（比率）	0.48±0.07	0.47±0.05
咀嚼度（比率）	48.12±9.14	132.45±8.38
胶着性（比率）	105.32±16.83	309.28±26.04

由表1-1看出，水槽养殖鱼的肌肉硬度是传统养殖的约3倍，说明肉感坚实；咀嚼度是传统养殖的近3倍，说明肉质有嚼劲；胶着性是传统养殖的近3倍，说明鱼肉的胶着性好，口感滑嫩，肉质有饱满感。

表1-2　肌肉抗氧化能力（每毫克）

抗氧化指标	传统池塘养殖	水槽养殖
过氧化氢酶（CAT）（国际单位）	0.02±0.01	0.032±0.01

（续）

抗氧化指标	传统池塘养殖	水槽养殖
总抗氧化能力（T-AOC）（国际单位）	1.90±0.35	3.15±0.53
丙二醛（MDA）（纳摩尔）	0.47±0.045	0.59±0.092
诱导型-氧化氮酶（iNOS）（国际单位）	0.43±0.03	0.33±0.02
总-氧化氮酶（T-NOS）（国际单位）	1.16±0.14	0.88±0.07

　　由表 1-2 可以看出，与传统池塘养殖相比，水槽养殖的鱼肌肉中抗氧化物质的含量显著高，对清除人体血液中的自由基大有益处。

表 1-3　肌肉营养组成

物理化学参数	传统养殖	水槽养殖
水分（毫克/克）	748.37±12.45	781.05±10.03
灰分（毫克/克）	11.66±1.05	15.15±1.41
蛋白质（毫克/克）	179.29±8.22	197.76±9.87
总脂肪（毫克/克）	11.26±0.50	9.50±0.83
pH	6.28±0.11	6.40±0.08
羟脯氨酸（毫克/千克）	33.10±2.63	33.24±3.89
胶原蛋白（毫克/克）	2.48±0.15	2.48±0.12
胶原蛋白占总蛋白比例（%）	1.12±0.08	1.01±0.06

　　由表 1-3 可以看出，水槽养殖的鱼灰分含量有较明显的增加，脂肪含量有所减少，水分、蛋白质、羟脯氨酸、胶原蛋白等含量与传统池塘养殖差异不大。

表 1-4　鱼类肌肉氨基酸组成及含量（每 100 毫克，毫克）

氨基酸	传统池塘养殖	水槽养殖	显著性
天冬氨酸	1.69±0.18	1.80±0.23	0.599
谷氨酸	2.26±0.22	2.35±0.29	0.817
丝氨酸	0.40±0.04	0.44±0.08	0.455
组氨酸	0.42±0.05	0.37±0.02	0.086
甘氨酸	0.64±0.06	0.63±0.07	0.683
苏氨酸	0.49±0.05	0.50±0.03	0.901
精氨酸	0.74±0.06	0.75±0.01	0.946
丙氨酸	0.68±0.06	0.69±0.02	0.994

(续)

氨基酸	传统池塘养殖	水槽养殖	显著性
酪氨酸	0.39 ± 0.03	0.42 ± 0.02	0.123
半胱氨酸	0.04 ± 0.01	0.04 ± 0.01	0.991
缬氨酸	0.79 ± 0.09	0.78 ± 0.05	0.809
甲硫氨酸	0.24 ± 0.02	0.29 ± 0.02	0.040
苯丙氨酸	0.47 ± 0.07	0.47 ± 0.04	0.883
异亮氨酸	0.67 ± 0.10	0.61 ± 0.04	0.274
亮氨酸	1.01 ± 0.18	0.93 ± 0.04	0.343
赖氨酸	1.10 ± 0.12	1.13 ± 0.07	0.786
脯氨酸	0.35 ± 0.03	0.29 ± 0.06	0.119
总含量	12.42 ± 1.13	12.09 ± 0.19	0.457

从表 1-4 可以看出，水槽养殖的鱼氨基酸组成与传统池塘养殖的鱼没有明显差异。

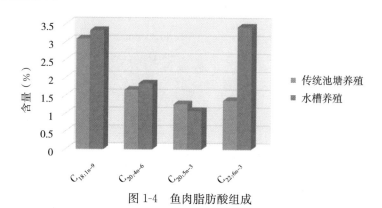

图 1-4 鱼肉脂肪酸组成

从图 1-4 中可以看出，水槽养殖的鱼多不饱和脂肪酸二十二碳六烯酸（$C_{22:6n-3}$）（DHA）含量明显高于传统池塘养殖。多不饱和脂肪酸是人体必需脂肪酸，DHA 是大脑发育所必需的，如神经细胞增殖、迁移、分化、突触发生，因此对婴儿大脑的生长和功能发育至关重要。DHA 也是维持成人正常脑功能所必需的，在饮食中加入丰富的 DHA 可以提高人的学习能力和记忆能力。DHA 还具有抗衰老作用。研究表明，随着年龄增大，人类血液中血小板、红细胞膜脂质中 DHA 含量减少，老年人服用 DHA 制剂后，其红细胞膜脂质中 DHA 含量增加，可以改善血液循环。DHA 能抑制血小板聚集，使血栓形成受阻、血液黏度下降、血液循环改善，并使血压下降。DHA 能降低血清总胆固醇及低密度脂蛋白胆固醇，增加高密度脂蛋白胆固醇等。

2. 产品质量安全

虽然池塘流水槽养殖是高产量集约化养殖，但其养殖模式却是采用了生态化养殖的原理，其养殖用水来源于净化塘，而水槽养殖面积只占整个池塘养殖面积的 5% 以内，超过 95% 的池塘面积采用仿湿地生态技术调控水质，养殖用水的质量始终处于湿地生态水的质量范围。水槽投喂饲料后混有残饵、排泄物的尾水在投饵后被尾水收集设施及时吸出池塘，使用沉淀、曝气、潜流湿地、表面流湿地、洁水塘等水处理设施处理后，符合水产养殖用水的可以回收进入净化塘循环利用，符合尾水排放标准的可以通过排污口排放进入公共水域或公共水处理系统。2017—2019 年，江苏省渔业技术推广中心连续 3 年对全省池塘流水槽循环水养殖设施中的水产品进行全覆盖抽检，所有样品检测全部达标。

3. 生产全程可控

池塘流水槽循环水养殖企业一般都会严格按照食品企业的标准来进行养殖生产，制订完善的企业管理制度，实行全程质量管理。一是利用监控设施对生产过程全流程监控并留存，把质量的理念用流程、设施进行落实。二是对投入品进行监控，严把饲料、肥料、药品的进入、存储、使用程序关和台账记录，落实各个环节的食品安全措施。三是细化技术细节，特别是药品使用环节，执行无公害养殖药品使用规范，实行无病预防，有病早治，使用药品时，有针对性地用药，只有养殖鱼类发生病害的水槽才用药，水槽用药时两端进行封闭，用药量只有普通池塘用药量的 20% 左右，药物浸泡时间控制在药效范围以内，并执行休药期制度。四是建立可追溯体系，江苏省在推进池塘流水槽循环水养殖技术过程中，要求实施该项技术的企业全面申报可追溯企业，做到企业产品质量可控。

五、与市场友好衔接的需要

池塘流水槽循环水养殖可以在一个池塘中放养不同品种、不同规格、不同养殖阶段的苗种，而且养殖水槽的品种、规格比较整齐，所以就可以灵活地进行产品销售。现代水产品已经从大众化、共性化向小众化、个性化过渡，现代的营商环境也从传统批发向电商、网络精

准营销等方向发展，而传统池塘养殖一个塘口一般只能养殖一个品种，如果是混养模式，虽然有多个品种，却很难对单一品种进行采捕；并且，传统池塘养殖一般一次捕捞就要全塘起捕，很难小量、单品种、单规格进行起捕，不便于开展电商销售。池塘流水槽循环水养殖则可以实现这种采捕方式。综上，池塘流水槽循环水养殖可以满足现代渔业对水产养殖产品形式的需求，从而丰富养殖水产品的销售模式，促进水产养殖健康发展。

六、现代渔业转型升级的需要

池塘流水槽循环水养殖是个全新的养殖理念，在诸多方面有着发展优势，主要是可以满足现代渔业发展的"10个要求"：

1. 可以实现常年供应的要求

不同规格苗种分槽养殖，可以全年均有满足商品规格的成鱼供应市场。

2. 可以实现小批量供应的要求

养殖水槽中的鱼类密度高，水槽面积较小，捕捞十分方便。

3. 可以实现单一品种供应的要求

每条水槽均只养殖同一个品种，同一水槽养殖的鱼类既可以分批捕捞，又可以整个水槽一起捕捞。

4. 可以实现单一规格供应的要求

每条水槽在苗种放养时规格基本一致，在一个养殖周期内，只要苗种质量没有问题，同水槽的养殖鱼类生长规格基本一致。

5. 可以实现单一品种饲料投喂的要求

目前，大型饲料公司已经有针对不同养殖品种的饲料配方，不同养殖水槽的养殖品种完全可以有针对性地投喂不同要求的配方饲料。

6. 可以实现对不同规格饲料粒径的要求

同一养殖水槽的苗种规格基本一致，可以针对不同水槽中的不同品种和规格投喂不同配方和粒径的饲料。

7. 可以实现对单一水槽养殖鱼类病害防治的要求

每条水槽均是一个相对独立的生产单元，在保证大塘水体水质良好、系统良性循环运行的情况下，还可以针对每条水槽养殖鱼类病害的特殊性分别采取不同的措施，病害防治可以做到精准施药和精确用药。

8. 可以实现对不合格水产品减小批次处理的要求

同一条水槽的养殖品种，可以采用类似格栅等设备在捕捞时对养殖鱼类进行规格筛选，可以大量减少不符合市场需求产品的处理时间和劳动力，也可以减少捕捞分拣造成的产品损伤。

9. 可以实现渔业观赏休闲的要求

渔业现代化的发展方向是"专业化、集约化、设施化、生态化、信息化"，池塘流水槽循环水养殖技术模式系统是传统养殖场提档升级向渔业现代化迈进的重要体现，也是传统渔业向观赏渔业、休闲渔业发展的一个良好途径。特别是规模化养殖企业，不同水槽的养殖品种在投喂饲料时的壮观景象是一般人无法想象或欣赏到的。因此，可以开辟参观通道，把渔业生产与观赏休闲结合起来，同时可以增加水下摄影、短视频、宣传板等，将渔业生产通过平面的、立体的等多种形式，向广大民众进行宣传。

流水槽养殖景观（江苏）（烟台申航物联网技术有限公司提供）

10. 可以实现休闲渔业"即点即加工"的要求

池塘流水槽循环水养殖技术模式系统生产的水产品质量明显优于常规池塘养殖生产的水产品。有条件的规模化养殖企业可以结合观光、休闲开设特色餐饮，即可以满足观光、休闲人群的需求；又可以进一步扩大产品宣传，做大做强产品品牌。

七、实现可持续发展的需要

池塘流水槽循环水养殖最大的特点就是尾水排放受控，符合环保要求。在设计上，水槽养殖的面积只占池塘养殖面积的5％以下，用于调节和养水的面积（即净化区）占95％以上，在净化区采用不投饵的模式，通过全程流水改善全池生态环境、种植净化植物、放养调水性动物（如鲢、鳙、螺蛳等），培养和投放微藻细菌等改善生态环境，可以常年保持池塘水体处于渔业用水标准的最佳状态，做到养殖用水循环使用、养殖用水量大幅度减少，养殖尾水实现达标排放的要求；在残饵和粪便收集上，采用轨道式收集系统，定期对残饵和粪便进行收集，目前已经可以做到收集30％以上的废弃物，双轨道系统甚至可以达到60％。随着技术的进步，收集率还将提高。污物处理系统可以将收集的废弃物进行固液分离，集中的固形物收集后可以作为肥料，分

离后的液体及其他尾水可以通过硫化池、潜流湿地、表面流湿地、洁水塘等的处理，符合渔业用水要求的循环使用，符合尾水达标排放要求的按规定经排污口排放。通过该技术的实施可以有力地提高水产养殖环境友好和可持续发展程度。

八、渔业装备现代化的需要

池塘流水槽循环水养殖技术模式的核心就是利用现代工程技术，实现渔业机械的最大化、智能化应用，从而有效降低养殖工人的劳动强度，实现渔业生产的高产高效。具体来讲，就是将养殖过程进行分段，通过不同养殖机械的模块化及智能化运用，实现各自独立的开发与运用，又可通过标准化的规范利用，实现各模块的有效组合，从而实现不同模块机械的运用衔接；通过监测、探测、监控等设备的利用，掌握养殖生产相关基础数据，从而及时掌握养殖鱼类的生长、活动、吃食、排泄以及养殖水体水质相关指标等情况。同时，可以实现有效的实时调控；通过对数据进行收集与分析，为智能控制做好数据基础和程序设计，而数据库的建立和单个程序的结合，加上 5G 技术的运用，为智能控制和智慧渔业做好准备；通过产品的设计和包装，与互联网衔接，可以共享渔业的管理数据，提高消费者对食品安全的信心，同时可以执行可追溯制度，做到食品安全全程可控；通过尾水实时监控系统，实时掌握养殖尾水的排放量和达标情况，做好环境保护工作，从技术层面和养殖模式上为实现渔业绿色发展提供可靠保障（图 1-5）。

流水槽系统自动化饲料投喂（烟台申航物联网技术有限公司提供）

图 1-5　流水槽规模化养殖场景

第四节 系统的开发应用

池塘流水槽循环水养殖技术主要的运用形式是在传统养殖池塘中进行，但在具体开发中也可以向不同的水域发展，可以利用的形式较多，具有很好的发展前景。

一、做好"五个鱼"的开发

1. 运动鱼

水槽中的鱼一直在流水状态下运动，鳞片紧致、体形修长、肉质紧实。在开发过程中一定要注意做好水流的控制，一是做好流速的控制，而流速的控制是通过气头气量及增氧格栅的密度控制的。一般来讲，机头的出水流速介于10~20厘米/秒，水槽尾部流速介于3~5厘米/秒，这样的流速既可以让水槽中鱼的体力消耗可控，又可以保证鱼的粪便和残饵在水槽的尾部沉降，便于收集。当然，具体的流速还要根据鱼的品种、规格、水温情况、天气情况、鱼的生长情况等要素加以综合考虑。二是做好水体流向的分布控制，尽量保持水槽头部与尾部、左边与右边、上层与下层的均衡，减少湍流形成而造成的水能消耗情况。三是密切关注池塘整体的水循环，主要是关注池塘中每个点的水流尽量一致，避免因为动能和势能的转换而造成能量丢失，增加能源消耗；同时，也要注意避免净化区的水流沿着最短距离循环，缩短路径，使得净化效能得不到发挥，池塘水质下降。

2. 安全鱼

在养殖过程尽量少用药、规范用药，才能保证养殖鱼类的食品安全。在这方面，保证环境质量提高，保证放养鱼种不带有害细菌或病毒，以预防为主，基本可以做到不发病、少用药。一是做到早发现，每天对水槽养殖的鱼类观察2次以上，可以及时发现病害问题，准确诊断病因，准确判断是营养疾病，还是环境致病，还是器质性疾病，还是传染疾病，分清原因对症解决；二是正确选药，主要是针对传染性疾病，如细菌病和寄生虫病，有条件的可以做药敏试验来筛选药物，选择最有效且低毒安全的药物；三是精准用药，水槽用药的好处就是不用满池用药，可以将水槽进行隔离，在有限的水体用药，控制好用药时间，及时结束用药；四是规范用药，使用科学合规的药物和方法，杜绝违禁药物的使用，确保养殖水产品质量安全。由于在用药过后，及时转入流水养殖状态，水槽中的药物释放到大池塘中，用药区的水量一般不到池塘整体水量的1/100，用药后及时循环流水，药物浓度随之下降，不易形成药害，既保证了大池塘环境的安全，又保证了鱼体药残安全，这是池塘流水槽循环水养殖技术模式突出的优势之一。

3. 高产鱼

从养殖实践来看，水槽中鱼的养殖产量平均可以达到50千克/米³，高的可达到100千克/米³以上；从占有池塘面积的亩*产来看，平均亩产可以达到1 500千克，高的可以达到3 000千克，是传统池塘养殖亩产的2倍以上。实现高产是土地资源高效利用的要求，可以保证用较少的土地生产较多的水产品，从而提高水产品市场供应水平，既丰富了水产品的市场供应，又保障了"菜篮子"供应；高产量也是投资者成本收益合算的要求，池塘流水槽循环水养殖技术模式每亩投入约1万元，如果折旧费用在10年内不能抵扣其年租赁费用，则从经济上看是不合算的；高产量也是现代渔业高效益的要求，通过高产量实现高效益，提高劳动集约化程度、劳动生产效率以及投资者和劳动力的收入水平，保证生产可持续发展。

4. 生态鱼

池塘流水槽循环水养殖技术模式的生产环境是一个仿生态系统，与生态湿地的环境控制有着相似的要求，所以环境友好是其特色。其用占养殖池塘超过95%的面积建设生态净化区，模仿生态湿地构建的生态系统，完全满足了《意见》中提出的"科学调减公共自然水域投饵养殖，鼓励发展不投饵的生态养殖"这一要求。而且，水槽养殖产生的鱼类粪便、残饵等废弃物的一部分通过收集系统进行回收，最大限度减少了有机物对水体的污染，收集上来的污水通过固液分离将有机物脱水处理后作为肥料进行利用，含有可溶性有机物的污水进行理化处理；另一部分未被回收的鱼类粪便、残饵被净化区配置的滤食性动物和种植的水生植物吸收利用，使水质得到净化。池塘中的鱼类粪便、残饵通过物理和生物的处理实现了物质循环利用，从而实现了整

---

　　* 亩为非法定计量单位，15亩=1公顷，下同。——编者注

个生产系统的良性循环以及尾水达标排放。

5. 物流鱼

为实现"互联网＋渔业"的发展，必须实现鱼类产品销售形式的根本转变，满足互联网时代消费者对产品小众化、形式机动、表现灵活、富有特色、规格整齐、耐运输、耐储存等的要求。由于生产系统中的每条水槽都是一个独立的生产单元，可以分别养殖不同品种、不同规格的鱼类，完全可以根据市场需求随时定量捕捞。但是，目前大部分养殖企业规模偏小，养殖产品在加工、包装、储存、标识、可追溯等方面的手段和能力还需要进一步开发，真正使池塘流水槽循环水养殖技术模式生产的优质产品成为物流渔业、电商渔业等新业态商业开发的可靠和优选产品。

二、系统的多样化应用实践

1. 淡水池塘流水槽循环水养殖系统

此种系统是目前最主要的运用形式，又可以分为净化区种植水生植物配套放养滤食性动物型和净化区种植水生植物配套放养虾蟹型等模式（图 1-6）。

图 1-6　淡水池塘流水槽循环水养殖系统实景图

2. 海水池塘流水槽循环水养殖系统

该系统目前有一定运用，主要用于海水鱼类养殖，从设施来说，一是解决好预防海水锈蚀问题，要进行耐腐蚀材料的筛选。二是做好品种的选择，适应海水养殖的品种不多。三是净化区净化生物品种选择，目前滤食性品种开发了文蛤、青蛤、竹蛏等，但适宜的植物品种不多（图1-7、图1-8）。

图1-7　海水养殖池塘中的养殖水槽系统　　图1-8　净化区（放养了文蛤等净水贝类）

3. 稻田＋流水槽循环水养殖系统

该系统是把水槽建在稻田中，与稻田综合种养模式相结合，让稻田承担净化水质的作用，同时又让水槽养殖的有机污水直接释放到稻田中作为种植水稻的肥料。

4. 河道流水槽循环水养殖系统

该系统将水槽建在可以开展水产养殖的河道（或溪水）边，进水端在河道上游，出水端在河道下游，利用河道水资源丰富的特点开展养殖生产。

5. 湖泊（水库）流水槽循环水养殖系统

该系统将水槽建在可以养殖的湖泊边，一般采用浮式结构的水槽，利用大水面的特点，对湖泊养的鱼进行约束，既保护环境，又提高湖泊的养殖产量。

6. 生态观光区流水槽循环水养殖系统

该系统将水槽建在水景生态观光区（或观光湿地）水道中，利用生态观光区水修复能力开展系统养殖，既可以通过循环流水增强水净化能力，提高观光区的生态功能，又可以增加生态观光的旅游资源，形成观光与渔业生产互动，提高资源利用水平（图1-9）。

水库中的流水槽
（烟台申航物联网技术有限公司提供）

7. 储运中的流水槽循环水养殖系统

可以将该系统作为批发、储运市场中的暂养设施，既可以提高水产品储运囤积能力，增强水产市场鲜活水产品中转和储运能力，也可以通过短期的暂养提高水产品质量。

图 1-9　建在湿地公园中的养殖水槽（盐城市大丰区）

第五节　国内外发展状况

一、国外发展概况

1996 年，美国克莱姆森大学科技人员在 6 个共 0.13 公顷的试验单元内成功示范了斑点叉尾鮰池塘流水槽循环水养殖，产量达到 11 230千克/公顷，1998 年达到 18 000 千克/公顷，最高产量是在 0.8 公顷的生产系统内生产了 42 000 千克斑点叉尾鮰，还在系统外收获了 4 500 千克罗非鱼。奥本大学也在 20 世纪 90 年代开始了该试验，并开发出了在水库、湖泊运行的漂浮系统。2007—2008 年，亚拉巴马州合作开发署等单位在该州西部的养殖场建立并运行了几套商业规模的池塘水槽养殖系统。奥本大学对克莱姆森大学开发的池塘分隔水产养殖系统做了改进，形成池塘流水槽循环水养殖系统，其利用放养滤食性鱼类来摄食废弃物和藻类。该系统建在一个 2.4 公顷、平均水深 1.7 米的池塘内，共建设了 6 条固定式养殖水槽，每条水槽宽 4.9 米、长 11.6 米，水槽间共用一道墙，并相互并列。在每条水槽的上游前端安装一个0.38 千瓦的转轮，转速为每分钟 0.7～1.5 转，使水槽内水体每 1～2分钟交换 1 次。在水槽下游增设曝气格栅，由 1.1 千瓦的低压气泵供气。每条水槽上都设置了一个自动定时的投饲机，颗粒饲料由岸上饲料储藏罐通过管道输送到投饲机。在水槽的排水区安装与水槽等宽的 V 形集污坑，形成一个相对的"静水区"，当废弃物和颗粒物通过时可以沉淀下来。在池塘长车轴方向设置导流挡板，使水槽排出的水在池塘中形成循环，防止水流短路循环。在该州的另一个养殖场还建造了一套不同样式的池塘水槽养殖系统。该系统为漂浮式，与固定式不同的是由气提设备驱动水体流动，具有曝气、提水和推水作用。气提设备为1.1千瓦的旋涡风机，水交换率可以调节。2008年，固定式水槽的斑点叉尾鮰平均产量为28 000千克/公顷，平均成活率为91%～98%，饲料转化率为1.3～1.6。近年来，美国大豆出口协会聘用的奥本大学相关专家已经成为美国乃至全球推广该技术的主要倡导者。他们在使用美国豆粕型水产饲料的主要国家和地区大力推广这项养殖技术，2012—2013年开始在我国推广。随后该技术被世界上多个国家采用。

二、国内发展概况

1. 发展背景

池塘养殖在我国水产养殖中占重要位置。我国传统池塘多建于20世纪70—80年代，建造时间较早、建设标准偏低、长期缺乏维护，目前普遍存在设施简陋、坍塌淤积、环境恶化和效益不高等问题。"十一五"和"十二五"期间，以中央财政渔业标准化健康养殖、现代农业发展资金等项目为引导，各地财政和养殖者不断加大投入，开展池塘设施升级改造（主要是护坡、固堤等），改造标准化池塘（包括新挖）120余万公顷。"十三五"时期，在生态文明、绿色发展大背景下，池塘流水槽循环水养殖技术模式迎来了发展机遇。2013年，美国大豆出口协会中国办事处联合江苏省水产技术推广站在江苏省吴江水产养殖公司建立了国内第一个池塘流水槽循环水养殖技术模式试验示范点。

2. 示范推广概况

2017年，全国水产技术推广总站正式启动了池塘流水槽循环水养殖技术模式示范推广项目，联合全国15个省份的推广站、科研院所及企业共20个单位制定了《池塘工程化循环水养殖模式示范推广实施方案》。

该模式在海淡水池塘均可推广，目前主要应用于淡水池塘，以面积在2公顷以上的池塘为宜。适宜淡水养殖的品种主要有草鱼、青鱼、加州鲈、鲫、黄颡鱼、罗非鱼、团头鲂、斑点叉尾鮰、乌鳢、鳜、大鳞鲃等；适宜海水养殖的主要有大黄鱼、黄姑鱼、河鲀、黑鲷、鲻、梭鱼等。2017年，海水池塘流水槽循环水养殖技术模式在河北试验成功。该项目在中国海洋大学技术支撑下，构建了适合北方地区的海水池塘流水槽循环水养殖系统，探索出分别以红鳍东方鲀和花鲈为主养种类，菲律宾蛤仔、硬壳蛤和海马齿作为净水动植物种类的两种养殖模式。同年，浙江省海水池塘鱼贝接力循环流水养殖模式、海水圆形"跑道"养殖模式初获成功。

据不完全统计，截至2018年底，全国已有10多个省（自治区、直辖市）示范应用流水养殖槽（即"跑道"）2 700多条，覆盖池塘近4万亩，主要分布在江苏（1 140条）、浙江（734条）、重庆（306条）、安徽（246条）（表1-5）。如浙江省专门制定了3年整体目标，计划全省建设示范点50个，辐射推广"跑道"1 000条。目前，该模式在浙江省覆盖了除舟山以外的所有地区。淡水养殖地区，以杭州、湖州等地的"跑道"养殖发展最为迅速（杭州现有"跑道"275条）。海水"跑道"主要在台州临海、温岭，宁波宁海等地区试验示范（现有"跑道"50多条）。

流水槽养殖系统（山东）（烟台申航物联网技术有限公司提供）

表1-5　全国流水养殖槽推广情况（数据截至2018年底）

省份	水槽数量（条）	覆盖池塘面积（公顷）
江苏	1 140	990
浙江	734	333
重庆	306	267
安徽	246	547
宁夏	104	133
山东	102	215
其他	163	132
合计	2 795	2 617

3. 主要示范内容

（1）配套养殖技术集成与示范　开展新型池塘"跑道"模式下不同养殖品种的摄食特征的研究，探索残饵和粪便的沉淀分布规律及收集效率，确定适宜的配合饲料类型及投饵设备，制订科学的投喂策略，集成污物生态化处理和循环利用技术。

流水槽养殖系统（广西）（烟台申航物联网技术有限公司提供）

（2）"跑道"类型与适宜品种构建试验示范　对淡水和海水池塘的"跑道"建造类型、放养品种、放养规格、放养密度、放养方式（单养、混养）等进行对比与跟踪试验，确定养殖水域、"跑道"类型和养殖品种之间的最适匹配关系，充分发挥"跑道"梯级养殖的优势。

（3）池塘生态水体净化模式试验　开展池塘"跑道"外围配套水体中水生动植物种养种类、种养面积比例的试验示范，对"跑道"和池塘水体开展定期监测，确定生态净化效果。

4. 技术性能评估及效益

池塘流水槽循环水养殖是集约化高密度循环流水养殖，产量高，每立方米水体产量达 70 千克以上。饲料系数降低 20％～40％。渔药使用量减少50％～70％。

流水槽养殖系统运行中（烟台申航物联网技术有限公司提供）

（1）生态效益　池塘流水槽循环水养殖的鱼捕捞方便，鱼类粪便和残饵集中收集，尾水循环利用，可作为鱼菜共生、人工湿地或生物操纵的营养来源。在净化区种植水生植物和套养滤食性鱼类，使养殖水体得到休养净化，实现循环利用。有数据显示，池塘流水槽循环水养殖的池塘排水量较传统池塘减少 63.6％，总氮、总磷、化学需氧量排放分别降低88.4％、93.6％、81.9％。

（2）社会效益　一是有助于提高产业化经营水平。池塘流水槽循环水养殖技术模式相对于传统的池塘养殖模式，产业化水平有较大提高。二是有助于改善水生态环境。"跑道鱼"养殖模式是典型的节水、节地、省工的高效养殖技术，理想情况下可实现"零污染、零排放"。三是有助于提高水产品安全和品质。精准流水养鱼可以让鱼不断运动，使其肉质更加紧实，并且无土腥味，从而可以为人们提供更安全、更优质的水产品。

（3）经济效益　重庆池塘流水槽循环水水槽主养草鱼、鲫、大鳞鲃、匙吻鲟、观赏鱼、加州鲈、大口鲶等，经测产，实现养殖产量 110 千克/米²，亩利润达到 5 000 元以上。北京水槽养殖草鱼、鲤等，平均产量约 75 千克/米²，亩利润约 6 000 元。宁夏水槽养殖草鱼、鲤等品种，平均产量 150 千克/米²，亩利润约 5 000 元。

三、存在问题及优化发展建议

综合来看，全国池塘流水槽循环水养殖技术模式发展势头良好，各地积极性和热情高涨，有掀起新一波池塘改造升级热潮的势头。从

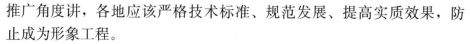

推广角度讲，各地应该严格技术标准、规范发展、提高实质效果，防止成为形象工程。

1. 存在问题

（1）吸污率偏低 目前，各地在对水槽尾端开展的粪便、残饵回收的比例普遍偏低，一般在 10%～30%。主要原因：一是目前池塘水槽内循环流水养殖的集污方式主要为平底型，虽然水槽末端建有挡污墙，但水流速度过快，高流速将粪便、残饵冲散，粪便、残饵靠自然重力沉降较难；二是粪便、残饵在水槽中大多为悬浮状态，即使到了水槽尾端有部分下沉并被挡污墙拦截，但仍然有大部分漂散至水槽外面。

（2）净化区面积太小、配备不足 存在池塘流水槽循环水养殖系统建设不规范、生物净水效能发挥不充分等问题。各地水槽养殖面积与净化区面积配备的比例不一样，对净化区的配套建设不够重视，部分养殖企业追求短期效益，不顾池塘生态承载力，盲目扩大流水养殖槽面积，有的甚至占到池塘面积的 30% 以上，变相成为过高密度养殖，造成池塘富营养化，引起病害频发等问题。

（3）养殖品种需要进一步筛选 目前，池塘流水槽循环水养殖技术模式的养殖品种仍多以普通大宗淡水鱼类品种为主，名特优品种少。放养不同品种，产生的利润相差很大。

2. 优化发展建议

（1）熟化养殖粪污收集关键技术，研究提升集污效率 养殖粪污高效收集是实现养殖尾水达标排放、集约高效养殖的关键。建议将粪污收集率作为技术熟化提升的重点，优化粪污收集技术路线和工艺，熟化提升配套关键设备和技术，研究制订粪污收集率测算标准方法，力争将粪污收集率提升至 50% 以上。严格防止过高密度养殖。

（2）严格落实充气推水增氧养殖区的占比要求，着力提升池塘生物净水系统效能 示范推广中充气推水增氧养殖区占池塘面积不得超过 5%。建议科学构建池塘净化区水体循环的导流系统，实现池塘水体有效循环，确保无死角。同时，着力集成水生生物净水技术，通过种植水生植物、套养鲢、鳙、珍珠蚌、螺蛳等滤水动物和虾蟹等特种品种，对残留在净化区的粪便、残饵起到净化和利用作用，合理配备涌浪机、耕水机、生物转刷、底排污装置、微孔曝气管等设施设备，通

过技术应用，提升生态净化效能和经济产出。

（3）养殖名优品种，优化提升养殖系统经济产出 调整品种结构，尽可能养殖适应当地市场需求且价格相对较高的品种，同时以节能、减排、优质、高效为目标，优化水质管理、饲料投喂、病害防治等关键技术，积极构建物联网精准养殖系统。通过精准投喂，提高饲料利用率，降低饲料系数；通过在线监测和智能控制，提高病害灾害的应急反应处置能力；通过对进水、排水、净化池等关键点的水质监测，加快尾水处理技术的熟化并提升处理效能。

第二章 / 池塘流水槽循环水养殖系统设计与建设

第一节 系统设计

　　系统在池塘中设置，通常可以分为水槽养殖区和大塘净化区两大部分，水槽养殖区与大塘净化区的比例一般在 5∶95 左右，折算成 1 亩池塘（约 667 米²）原则上可建设的水槽养殖面积为 10～50 米²。目前，各地比较通行的做法是 10～20 米²。但是，由于考虑到建设成本和生产管理的方便，通常最少以 3 条水槽为 1 个生产单元，而每条水槽的养殖区面积介于 100～120 米²，1 个生产单元 3 条水槽的面积介于 300～360 米²。因此，通常建设水槽的池塘面积应该在 2 公顷以上为好。具体的水槽数量则应该根据实际池塘面积和资金投入、生产目标及管理水平等相关因素确定。但养殖水槽的面积占比原则上不能突破池塘总面积的 5％。

　　水槽养殖区要实现流水养殖，大塘净化区要实现水体良性循环。在设计与建造系统时，应充分考虑池塘的现有条件和周边水源水系及进排水系统情况，既能充分利用，又能相应节约建设成本，同时还方便生产操作和管理（图 2-1、图 2-2）。

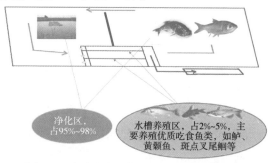

净化区，占95%～98%

水槽养殖区，占2%～5%，主要养殖优质吃食鱼类，如鲈、黄颡鱼、斑点叉尾鮰等

图 2-1　池塘流水槽循环水养殖技术模式图

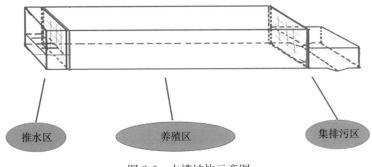

图 2-2　水槽结构示意图

一、水槽养殖区设计

由于我国处于北半球，而且传统养殖池塘一般都是东西朝向，因此在水产养殖主要生产季节的大部分时间以东南风为主。池塘流水槽循环水养殖技术模式的关键是池塘生产系统中的水体要实现良性循环，故在水槽设计时就应该充分考虑水体的流动方向。因此，在大部分地区设计水槽时，一般也应该考虑为东西向并建设在池塘的北侧较好，同时应将推水增氧设备设置在水槽的东端，这样就可以很好地利用自然风力加上机械设备的动力作用实现养殖生产系统中水体的良性循环。

二、大塘净化区设计

大塘净化区在整个系统中占据了 95％以上的面积，其重要功能是净化和利用水槽养殖区未被回收的残饵、粪便，并通过导流设施和推水增氧设备促使整个系统水体的流动，从而实现生产系统良性循环运行。

大塘净化区设计的要点是导流堤（墙、渠）的位置、方向、角度、高度、宽度等因素，同时需要考虑建设材质。第一，如果是新开挖池塘或重新改造的池塘，则应该充分利用原有土方建设土堤坝；原有池塘或周边没有土方可以利用的，则应该选用其他材料建设导流墙或开挖沟渠建成导流渠。第二，根据池塘大小和形状配备相应功率的推水增氧设备。第三，根据配套放养的滤食性动物鲢、鳙、螺蛳、河蚌等以及种植的水生植物，选定适宜的区域和范围。

第二节 系统建设

一、系统建设要求

系统建设分为水槽养殖区、大塘净化区两大部分。

1. 水槽养殖区建设要求

池塘流水槽循环水养殖技术模式建设费用最高的部分就是水槽养殖区。目前，水槽结构主要有砖混结构、玻璃钢结构、钢架结构等。占比较大的是砖混结构，主要是材料来源相对方便、稳定，建造成本相对适中，建造难度相对较低；玻璃钢结构费用相对较高，主要是没有现成的模具，但此种结构具有施工安装方便、不受天气影响、工期短等优点；钢架结构对材料的要求相对较高，同时必须做好底部基础工程方可进行，价格也相对较高，但由于可以采用标准件进行安装施工，底部基础工程完工后，安装施工的周期较短，且不受天气条件影响，最大的好处是材料可以重复利用或回收。

目前，水槽主要建设在以下3种地方：①常规养鱼池塘，这种类型最多，占95%以上。②常规养蟹池塘，生态、经济效益显著，有条件的地区应当大力发展。③与水稻种植结合，生态、经济效益显著，是重要的发展方向，有条件的地区应当大力推广。

水槽正式开工建造前，须对建设区域的土壤状况进行摸底和采样分析，如果为底质较硬且没有养过鱼的新开池塘，则可不用进行底部混凝土浇筑；如果是老鱼塘且底部淤泥较多，则必须对淤泥进行清理后再用混凝土浇筑。部分单位建设的水槽数量不多时可使用打木桩的方法进行地基处理，但也要依据土壤状况确定，一般老池塘或淤泥较多的池塘不能使用此方法；否则，后期会出现开裂甚至倒塌的现象，会严重影响养殖生产。

2. 大塘净化区建设要求

大塘净化区建造相对于水槽养殖区容易得多。重点是要注意导流堤（墙、渠）的位置、方向、角度、高度、宽度等因素。同时，由于大塘净化区面积大，要充分考虑安装的推水增氧设备的电力线路走向和安全问题，因此除了在前期设计时应充分考虑外，在具体施工过程中也应合理安排施工工序，确保既能正常有效使用，又能保证安全

生产。

二、在传统养殖池塘中建设系统

目前建造最多的是在传统养殖池塘中建设池塘流水槽循环水养殖系统，其面积约占全部水槽养殖面积的95%。

1. 池塘条件

建设池塘流水槽循环水养殖技术模式系统的池塘应该具备以下条件。

（1）池塘面积 从建设成本和生产管理经济核算，建设池塘流水槽循环水养殖技术模式系统最少以3条水槽为1个生产单元，按照水槽面积占池塘总面积的2%～5%测算，以每条水槽的养殖区面积介于100～120米²，3条水槽的面积介于300～360米²，因此1个生产单元的池塘面积应该不少于2公顷。

（2）池塘底质 池塘底质以泥沙含量较少的壤土为好，淤泥较多或泥沙含量较多的池塘，水槽建设区域必须进行固化处理。

（3）池塘深度 以生产高峰期间能够保持水深2.0米为宜。

（4）池塘坡比 池埂坡度1∶（1.5～2.0）。

2. 水源条件

池塘周边有丰富的水源且水质符合《无公害食品 淡水养殖用水水质》（NY 5051—2001）和《无公害食品 海水养殖用水水质》（NY 5052—2001）的规定和要求。

3. 交通条件

池塘周边应交通方便，能够通行载重5吨以上的车辆。

4. 电力配套

有稳定的三相动力电源供应，最好配备满足生产要求的变压器。

三、在养蟹池塘中建设系统

与传统养殖池塘相比，在养蟹池塘中建设池塘流水槽循环水养殖系统的面积要小得多，其适宜范围也小得多，但由于其具有明显的生产优势，因此具备条件的单位也可以应用。其水源、交通、电力条件与传统养殖池塘一致，但具体的池塘条件有一定的特殊要求，具体如下：

（1）以两个相邻的池塘为一组，每个池塘的面积为 1～1.333 公顷。

（2）由于养殖河蟹的池塘深度一般在 1.8 米以下，为保证生产期间养殖水槽中的水深在 1.8 米以上，因此在水槽建设区域应下挖 0.8～1.0 米。

（3）通常在两个相邻池塘的两端各建设一组 3 条水槽的生产单元，同时两端的养殖水槽水流方向相反，以便使两个池塘的水体形成循环流动（图 2-3）。

图 2-3　建在两个蟹池中间的养殖水槽

（4）在两个池塘的中间要留出 8～10 米的水流通道，以确保两个池塘的水体可以循环流动。

四、在稻田中建设系统

在稻田中建设池塘流水槽循环水养殖技术模式系统在江苏多地的试验证明是可行的。其水源、交通、电力条件与传统养殖池塘一致，但在具体建造时应根据水槽养殖的需要对稻田进行相应改造（图 2-4）。具体要求如下：

（1）稻田面积，以建设 3 条水槽为 1 个生产单元为例，稻田面积应在 2 公顷以上。

（2）在建设水槽的区域应下挖 1.5 米以上，并在稻田部分开挖深 1.0 米、宽 3～5 米的环沟，在相应位置安装推水增氧设备，以确保水槽与稻田环沟中的水体形成循环流动。

图 2-4　建在稻田中的养殖水槽

（3）在道路与稻田适宜位置预留机收通道。

（4）由于水稻生长期相对于水槽中养殖的鱼类要短，因此在选择养殖品种时，应尽量选择生长速度快的品种，尽量避免养殖鱼类在低温、水位浅的水槽中越冬。

五、在湿地公园中建设系统

在湿地公园中建设池塘流水槽循环水养殖技术模式系统的案例相对较少，主要可根据湿地公园的面积大小和建设目标相应地确定养殖水槽的数量，但必须保证湿地公园的生态环境不被破坏，水体质量良好（图 2-5）。

图 2-5　建在湿地公园中的养殖水槽

六、在公共水域中建设系统

在公共水域中建设池塘流水槽循环水养殖技术模式系统的案例也

相对较少，在一些湖泊或水库中有一些案例（图 2-6），主要是在一些水面使用权属比较清晰的水域，如使用权归乡村组织、企业或个人承包的中小型水库、湖泊的湖汊等水面中，但在这些水域建设池塘流水槽循环水养殖技术模式系统，应充分考虑水槽养殖产生的粪便、残饵可能给水域水质带来的富营养化影响，同时还须注意风浪可能损坏养殖系统。因此，在这些水域建设流水槽循环水养殖技术模式系统，应尽量避免在淌水区建设。此外，选用建造材料时，最好选用既有牢固性又有一定柔性的玻璃钢材料建造水槽箱体，并在生产通道两边安装围栏和放置救生圈等物

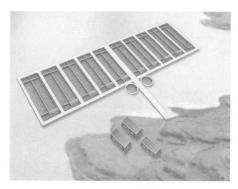

图 2-6　建在水库库湾的养殖水槽

品，以预防人员跌落水中并做好救生应急预案。

第三节　系统组成

池塘流水槽循环水养殖技术模式是一个完整的养殖系统，但由于功能的复杂性和后期开发、发展的需要，可以按照各自的功能将整个系统分为 7 个子系统，也可以认为是 7 个模块，用模块的理念进行区分和组合，既便于各自独立发展，又便于相互组合形成统一系统，7 个模块分别为：推水增氧系统（机头或推水区）、养鱼系统（水槽养殖区）、集污系统、污物处理系统、净化系统（大塘净化区）、电力及机械系统、生产管理系统等。

池塘流水槽循环水养殖技术模式是利用生态养殖的原理，使用机械化、智能化手段，实现池塘养殖现代化，从而实现资源的高效配置、食品的安全和有效控制、环境友好和可持续发展、劳动者舒适的生产环境等目标。在整个系统中，每个子系统既可以成为独立的模块，单独进行开发和提升，又可以方便地与 1 个或几个其他系统连接，合起来联合开发。这样灵活地拆分，更加有利于现有机械设备的开发和使用，利用现有工程制造和信息技术发展的优势，加快推进渔业的现代化、

机械化、智能化发展。目前，国内在这方面做得较为突出的建湖正荣公司的养殖水槽见图 2-7。

图 2-7　养殖水槽

一、推水增氧系统（机头或推水区）

从目前来看，推水增氧系统的推水增氧有气推式和明轮式（图 2-8）两种，以气推式系统为主，明轮式系统在中国基本不用，以下主要介绍气推式系统。

图 2-8　明轮式推水增氧系统

推水增氧系统（气推式）主要由鼓风机、连接管道、机架、曝气增氧格栅、止回墙等构成。

1. 鼓风机

鼓风机是推水增氧系统的动力来源，鼓风机的选用关系到生产系统的正常运行，是核心部件。适合养殖系统的鼓风机有很多类型，关键要求是耐用，有一定的防水功能。此外，许多水产养殖场建在农村偏僻地区，电压不稳，所以选用配套宽压宽频电机的鼓风机为好。同时，还要注意鼓风机的出风量和出风压力，该模式选用的鼓风机一般为旋涡鼓风机（图2-9）或罗茨鼓风机（图2-10），旋涡鼓风机一般出风量大但出风压力相对较小，而罗茨鼓风机出风量小但出风压力大，机器运行时噪声较大。所以在选配时一般按照曝气增氧格栅在池塘中的水深确定，水深60～80厘米时，一般选用旋涡鼓风机；水深80～120厘米时，选用双段旋涡鼓风机；水深大于120厘米时，一般选用罗茨鼓风机。从功率选择来看，一般每条水槽鼓风机的功率在1.5～2.5千瓦。从整体配置来说，如果是独立式供气，一般1条水槽配1台2千瓦的鼓风机，并且每5～10条水槽准备1台备用鼓风机；如果是集中供气模式，则整体选用2～5台鼓风机，并且建设单独的鼓风机厂房（图2-11），建好机座，采用并联的方式连接。一般情况下，可以选择双段旋涡鼓风机，其出风量大，又可以满足出风压力的要求；同时，配变频装置，可以通过调整功率达到节能效果。注意要选择品牌过硬的厂家的产品。

图 2-9　旋涡鼓风机

图 2-10　罗茨鼓风机

2. 连接管道

连接管道是连接鼓风机与曝气增氧格栅之间的通路。管道的连接与系统采用的方法有较大差异，目前机头有独立式、并联式和集中供气式3

种。从独立式来讲，1条水槽1个机头（图 2-12），机头与鼓风机用软管进行连接，并在软管上加装止回阀和控制阀。为了控制充气的流量，现在也有不少采用变频技术对气量进行控制；并联式基本也是1条水槽1台鼓风机，但却是将所有水槽上的鼓风机管道连接起来，形成1个总管道，再用软管连接到曝

图 2-11　集中供气的罗茨鼓风机厂房

气增氧格栅上，并在通往曝气增氧格栅的软管上加装止回阀和控制阀。此方法可以通过开机的台数来控制气量，从而达到控制水槽中水的流速，达到节约用电的目的。集中供气式是将所有的鼓风机集中安装在机房中（图 2-13），用管道输送到每条水槽的机头（图 2-14），再用软管连接到曝气增氧格栅上。每台鼓风机都用并联的方式连接到总管道上，总管道一般采用无缝钢管，如果管道较长，还要做好缩节，可以节约成本，保证末端的气量供应。连接的管道应尽量减少转弯，如果要转弯也要在转弯的连接处尽量避免直角连接，以达到减小气损的效果，可以节约运行成本。在每台鼓风机与总管道的连接处都要安装阀门，保证鼓风机不用时关闭该鼓风机的阀门，防止回气。在总管道连接曝气增氧格栅的连接处也要安装阀门，可以分别控制每条水槽曝气增氧格栅的气量，从而达到控制流速的作用；同时，水槽的曝气增氧系统需要维修时，可以及时关闭，不影响其他机头的运行。安装阀门时，要注意阀门位置既要方便操作，又要防止与其他工作发生冲突，损坏管道影响运行。

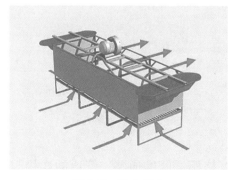

图 2-12　独立机头

图 2-13　集中供气式的旋涡鼓风机并联

图 2-14　主送气管道与机头的连接

3. 机架

机架是机头设备装载的地方，主要由架子、机脚、挡水板、浮子组成，有固定式（图 2-15、图 2-16）、移动式（图 2-17）、悬挂式和浮式（图 2-18、图 2-19）。固定式和移动式机架主要用在水位线比较稳定的池塘，而浮式机架一般用在水位线变动较大的池塘或稻田。

图 2-15　固定式机架

图 2-16　固定式机架的安装

图 2-17　移动式机架

图 2-18　人工湖上的浮式系统

（1）架子　选用钢质材料或玻璃钢材料，宽度与水槽内侧宽度一致，一般5米以内；高度是最大水深减去机脚高度（曝气增氧格栅至底板的高度），一般1～1.5米；长度与曝气增氧格栅的长度相当，一般1.2米左右。有条件的，架子可相对独立，并固定一个点，让架子可以翻转，以便于维修。

图2-19　浮式机架（挡水板被淹）

（2）机脚　即架子支撑在底板上的装置，类似于桌子的桌腿，其高度为曝气增氧格栅放置的高度。如果是固定式或浮式机头则可不用机脚。

（3）挡水板　挡水板是让推水增氧装置产生的水流和气流从垂直状态变为水平状态的装置。挡水板有直板式的，推水效果也可以，但目前最多的还是采用斜式挡水板。斜式挡水板安装时与曝气增氧格栅成45°，板的宽度一定要撑满整个池壁，不留空隙；板的高度一定要高于最高水位线，且要高于正常的波浪高度。

（4）浮子　浮子是浮式机头支撑装置，优点是可以实现整个机头系统与水位线保持一致高度，整个机头是一个整体，便于移动维修；缺点是耐用性较差。浮子一般用水车式增氧机的浮子（塑料材质），浮子的浮力一定要大于机架上所有设备的重量，要保持推水增氧挡水板高于生产期间池塘最高水位线。选用浮式机头时要注意止回墙的高度是浮动的，所以止回墙一般采用软式可调节高度的材料制成。

4. 曝气增氧格栅

曝气增氧格栅是机头的核心部件，由进气口、环管、坚固件、增氧管（微孔增氧管）等部件组成，在市场上有成套的曝气增氧格栅售卖，有进口的，也有国产的，相对来说进口的质量好，充气气泡大小均匀，出气平衡，耐腐蚀性和耐生物附着性好，使用时间长，但价格较高；因为曝气增氧格栅需要长期不间断使用，其在水下，更换相对困难，如果更换时间长会对水槽鱼的生长有较大影响。所以，推荐使用进口曝气增氧格栅。当然，也可以定制曝气增氧格栅，有条件的也可以考虑自己生产。目前，进口曝气增氧格栅长1.16米，宽1.02米，接口管径 5 厘米（图 2-20）。环管用复合材料、塑料或不锈钢制成，直径 5～7 厘米，边角采用圆角；在环管长面做出接口，对接增氧管。增氧管有进口的也有国产的，最好用进口的，质量可靠，使用时间长；接口用紧固件固定，紧固件质量十分重要，以不锈钢材质为好，施工也要小心，因为

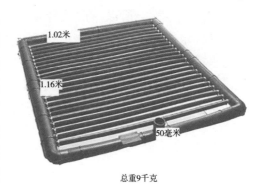

图 2-20　进口曝气增氧格栅

一根增氧管脱落，就可以造成整个机头无法正常工作，甚至整个系统就有瘫痪的可能，因为气体总是在压力最小的脱落处逸出，其他增氧管出气量就减小甚至不出气（图 2-21）。

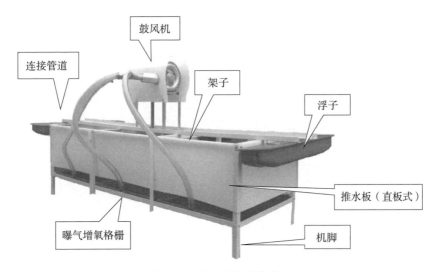

图 2-21　浮式机头成套产品

在安装曝气增氧格栅时，要注意安装高度。一般来讲，距水槽底板 60～80 厘米，距水面的距离以池塘常规水深决定，曝气增氧格栅距水面的距离近，出气量较多，但推水速度较慢，上下层水交换较差；距水面距离深，出气量较小，但推水速度较快，上下层水交换较好。正常情况下应将曝气增氧格栅尽可能安装深一些，这也看鼓风机的出风压力。同时，鼓风机的出气量和深度也决定单位水面水槽的载水量，也就决定了

养殖水槽的载鱼量。所以一般选择曝气增氧格栅距水面的高度为 1.2 米左右，这样水槽的水位深 1.8～2 米。安装曝气增氧格栅时要注意增氧管方向与水槽方向一致，可以增加推水的速度，减少能量损耗。安装曝气增氧格栅最好使用可活动的接插式槽口，可以单独更换，以便于在生产季节一旦曝气增氧格栅损坏，可以及时更换（图 2-22 至图 2-24）。

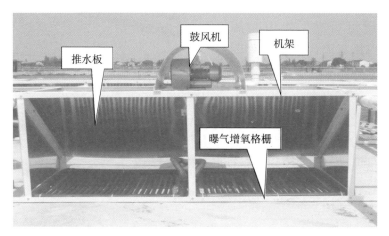

图 2-22　曝气增氧格栅在机架上的位置

图 2-23　安装在机架上的曝气增氧格栅

5. 止回墙

止回墙是曝气增氧格栅向内一侧上沿向下到水槽底板的挡水墙，主要是为了防止推向水槽内的水通过最短路径又从机架下方流回净化区。止回墙可以是硬质墙，可以是砖砌、混凝土浇筑等结构，也可以

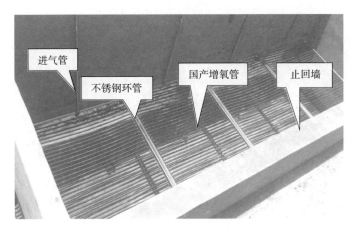

图 2-24　非标组装的曝气增氧格栅

是软质墙，随机头上下移动。对于硬质墙，现在通用的是将水槽的拦鱼网闸槽直接连接在止回墙上。如果是浮动机头，一般机架要配置脚架，在脚架向水槽一侧用软质或硬质挡板，将曝气增氧格栅底部与水槽之间封死，以防止水槽水回流。

二、养鱼系统（水槽养殖区）

养鱼系统主要就是指养殖水槽，是系统的主要养殖区。养殖水槽可分为固定式水槽和浮动式水槽。固定式水槽有砖混结构、钢筋混凝土整体浇筑结构、不锈钢板组装结构、塑料板成套组装结构、玻璃钢成型结构、木质结构、软式（硬质框架，帆布、薄膜材质做箱体材料）结构等。浮动式水槽主要是软式结构和组装结构（图 2-25 至图 2-35）。

图 2-25　砖混结构养殖水槽

图 2-26　钢筋混凝土整体浇筑结构

图 2-27 混凝土浇筑墙体模板成型

图 2-28 在"渔光一体"池塘中浇筑的水槽

图 2-29 塑料板结构水槽

图 2-30 玻璃钢一体结构水槽

图 2-31 工厂化组装结构水槽

图 2-32 帆布结构水槽

　　水槽养殖区面积一般占池塘总面积的 5% 以下，以目前的水处理能力，0.667 公顷池塘配 1～3 个养殖面积为 100 米² 的水槽，开始阶段以

图 2-33　不锈钢板组装结构水槽

图 2-34　成套组装结构水槽　　　　图 2-35　自制组装结构水槽

每 10 亩池塘配 1 条水槽为宜，随着管理水平的提高，可以提高到每 0.667 公顷池塘建 3 条水槽。养殖水槽采用长方形结构，其尺寸一般采用：长 20~22 米、宽 5 米、高 1.8~2.5 米。但在浇筑底板时，要注意统一规划，底板长为 25~31 米，因为机头部分要占 2~3 米，水槽养殖区占 20~22 米，集污区占 3~6 米；水槽的隔墙长 21~23 米、高 1.8~2.5 米。设计水槽墙体顶部时要做到高于最高水位线 20 厘米以上，以防止大水时没顶。

水槽的设置方向一般与所在池埂的方向一致，多个水槽连续向池中建设时，水槽的一边应该紧贴在池埂上，另一边伸向池塘的长度不要超过池塘宽度的一半，以保证池水流动顺畅、稳定。如果池塘的宽度的一半不足以容纳水槽宽度，可以在相对的池埂交错设置两排水槽，以使水槽宽度不超过一半的池塘宽度，可以保证整个池塘水流通畅。

也有为方便操作将水槽的方向设置为与池埂垂直的，也就是水槽的进水端都在池埂一边，这样进水端的走道就与池埂平行，进鱼种、出成鱼可以用机械操作等。但从实际的养殖情况来看，这种方向设置不利于池塘系统水体的循环流动，整个系统始终保持水质优良比较困难，目前情况下还是不要采用。

养殖系统从建造组成上可以分为底板、墙体、构造柱、浮子、框架、闸槽、拦鱼闸网、防撞网、走道、底增氧机等，还可以附加设置投饵机、起鱼设备及其他设备。

1. 底板

底板是水槽系统建在池塘中的底部结构，是水槽系统的承托部分。一般底板是与机头、水槽、集污系统一起设计、一起建设的。底板有钢筋混凝土浇筑、混凝土浇筑、板块安装结构，对于老池塘，底部淤泥较多时，在清淤以后，由于地基较软，一般采用钢筋混凝土浇筑结构；对于新池塘，地基较硬，可以先砌墙体，再浇筑混凝土。在浇筑底板时，要注意底板的高程与池塘水位线的一致性，注意底板的平整度，注意预留与墙体的连接构件，注意预留闸槽或埋入闸槽等构件。

底板可以是平底的，也可以带有坡面，带有坡面的底板主要是为了更好地排出残饵和粪便，但从前期生产实践来看，坡面设计不但水槽较短、投资较大，而且收集残饵、粪便的效果并不明显。所以，现在普遍使用平底底板（图 2-36）。现在也有很多采用组装式水槽的，这种水槽的底板一般也是组装式的。组装式底板一

图 2-36 水槽尾端平底和坡底结构试验

般首先选择好建设水槽的地块，使高程平整，在地块上安装基墩，在基墩上拼装底板，同时做好墙体的框架。应注意，拼装板块要安装平整，特别是边角要平整，如果是钢板则最好做卷边和包角；否则，在生产时会挂网而影响生产操作。

2. 墙体

水槽的墙体功能主要是将养殖品种约束在水槽内进行集约化养殖，其前端考虑与机头的固定和使用相结合。水槽墙体可以是砖砌，在墙体中设置构造柱，外抹水泥砂浆；可以用模板建模后，编制钢筋笼，浇筑混凝土成型的方法。建造墙体时，要将前后闸槽埋入其中，前后闸槽都要建2条，要做到墙体的两面和底部都有闸槽，闸槽一定要保持平整，以保证插入闸网时不留空隙。要保持闸槽的深度与宽度及闸网相适应，既要保证闸网插入顺滑，又要保证闸网与闸槽紧密贴合，保证不漏鱼。在表面抹浆时，可以在闸槽中塞入泡沫，方便后期的清理。在做水槽时，水槽最外面的两面墙要做加强处理，特别是靠池埂的边墙，如果受到边坡的压力较大，则还要做支撑处理。有的水槽数量较多时，还会在中间做加强墙，加强墙的宽度是2个普通墙的宽度，一般每隔5～10条水槽做1个加强墙，以保证水槽整体牢固。加宽的墙体也可以作为走道，便于管理行走（图2-37至图2-42）。

图 2-37　砖砌水槽墙体

图 2-38　砖砌水槽墙抹灰

图 2-39　先做墙体，后浇底板

图 2-40　成型的水槽（从尾端看）

图 2-41　机头安装位的处理　　　图 2-42　机头安装后的效果

3. 构造柱

构造柱是埋在砖墙上的钢筋水泥混凝土构造，主要是为了加强墙体的强度，一般每隔 5 米设置 1 个构造柱。有的水槽为了加强结构强度，还会在水槽顶部做一圈梁。

4. 浮子

浮子一般在浮动式水槽中使用，如果所在水槽的水域较深，或者底部结构复杂，不适宜设置底板，就可以做浮式结构，而浮式水槽首先就要解决浮子的问题。从现有资料看，有水产养殖专用的浮子，可以直接用于水槽。也有用 PVC 管堵住两端，置于框架之中，可以很好地解决浮力问题（图 2-43）。

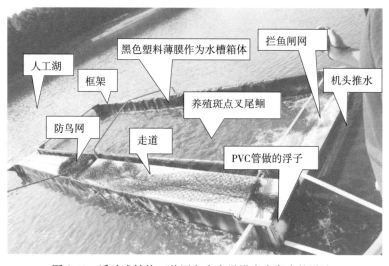

图 2-43　浮动式结构（美国奥本大学设在内湖中的设施）

5. 框架

框架是水槽的基本成型骨架，在组装式结构或浮动式结构中使用，可以在框架上安装槽体的组装材料，同时还有走道等功能。框架结构一般是成套设备公司按照设计要求统一选择材料，以钢、不锈钢、玻璃钢或复合塑料等材料构建，做到牢固、耐用、经济、方便即可。

6. 闸槽

闸槽有3道，水槽前端的拦鱼网闸槽、水槽后端的拦鱼网闸槽和集污区闸槽。其中，水槽前后两端的闸槽要设置双闸槽，双闸槽的功能主要是为了根据养殖鱼的品种和规格更换闸网，同时也是为了加装防撞网的设施时方便操作。两道闸槽之间要保持合适的距离，一般以5厘米为佳，既方便操作，又能够保证换网时不跑鱼。闸槽设置要与闸网一致，保持闸槽平直，水槽的三面都要设置闸槽，闸槽不严密会导致严重跑鱼，导致净化区生态结构失衡，难以弥补。

7. 拦鱼闸网

拦鱼闸网是水槽的主要部件，一般用不锈钢丝网作材料，边框用角铁作材料以保持强度。拦鱼闸网的网目应该与养殖的鱼的品种和规格相一致。根据经验，网目的周长要小于养殖品种最小规格鱼的鳃盖处周长，以保证不跑鱼、不卡鱼。拦鱼闸网做好后要试用，以保证闸网与闸槽贴合，保证不留过大的缝隙。如果不能达到要求，可以在拦鱼闸网的边缘加设软性材料堵住空隙。有的养殖单位在水槽后端拦鱼闸网上开设出鱼窗口，以达到方便出鱼的目的。

8. 防撞网

水槽放入鱼种时，由于鱼的不适应，会顶水撞向拦鱼闸网，造成口鼻及身体的损伤，从而引发严重的水霉等病害，为避免这种情况，可设置防撞网。防撞网有两种设置，一种是做成平网直接插入前端闸槽内。另一种是做成锥形网袋，也是插入前端闸槽，但锥形网底用绳将锥形网撑开，防撞效果会更好，适合性情凶猛的鱼类或小鱼种。防撞网的网衣最好用维尼纶的无结网片制成，网目大小与拦鱼闸网相似，网目周长不大于所养鱼的鳃盖处周长，也不宜过小，过小会阻碍水流通畅。有时，为了加强防撞效果，也会在防撞网外加装半截筛绢网（图2-44）。

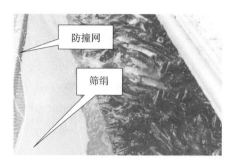

图 2-44　防撞网的设置

9. 走道

走道是水槽上的操作通道，主要有 3 种：一种是机头前端的主通道，是投喂饲料、进鱼出鱼等活动的过道，一般要能够适应小推车进出，如果条件允许，也有增加桥梁结构的，可以让小型车辆进出。一种是水槽尾端的走道，主要是管理、观察、维护的通道，以单板水泥板架设即可。还有一种是前后两端走道的连接走道，一般每隔 5 条水槽加宽墙体的宽度至原来的 1 倍，可以使人安全通行，安全操作，也可以达到稳固水槽整体结构的目的。

10. 底增氧机

底增氧机是水槽增加增氧功能的设施，一般由鼓风机、管道、增氧管等构成。鼓风机可以与主管道的增氧机连用，但一般应单设，主要是因为底增氧设施有 3 个作用：一是日常增氧功能；二是应急增氧功能；三是用药增氧功能。所以，如果与主机相连，则应急和用药增氧功能就无法实现，而且底增氧机的增氧管在水槽底部，水深一般在 1.6 米以上，有的超过 2 米，所以对出风压力要求高，增氧机应选择双段旋涡风机或罗茨鼓风机。送气管道要单设，一般与墙体一致，但要设在墙体的凹处或走道下面，也可以埋入墙体中，以避免操作时损伤管道。增氧管在 100 米^{2}的水槽中一般设置 16 条左右，每一边各 8 条，每条增氧管 2 米长，两端封闭，用重物附着后（一般用 2 米长的钢筋固定），沉于水槽底部（图 2-45 至图 2-47）。

图 2-45　底增氧机的设置

图 2-46　底增氧管道接头

图 2-47　底增氧管设置

11. 投饵机

水槽养殖可以人工投饵，也可以使用投饵机，一般在每条水槽的上游位置设置。可以单独设置小型投饵机，也可以使用散料仓技术集中控制，每条水槽设置 1 个喷头。还可以加装智能控制系统，设定投饵的时间、规格、数量、间隔、次数等指标，实现投饵的智能控制（图 2-48 至图 2-52）。

图 2-48　鱼塘投饵机

图 2-49　集中式投料系统散料仓

图 2-50　散料输送装置

图 2-51　投料控制箱

图 2-52　水槽上的投料喷口　　　　图 2-53　水槽上方增设遮阳网

12. 起鱼设备

为了降低劳动强度，有条件的养殖单位还可以在水槽上架设起鱼设备。利用工程上行车的原理，在走道上安装行车架，高度设计以能直接起运上升至活水运输车的高度为准，行车一端通向每条水槽，一端输送至汽车可以到达的交通道路之上，可以降低起鱼的劳动强度，提高生产效率。

13. 其他设备

在水槽上还可以增设赶鱼设备、路灯、电源插座盒、防鸟网、遮阳网等（图 2-53）。

三、集污系统

集污系统是池塘流水槽循环水养殖在水产养殖产业上的一次技术革命，它将鱼集中在水槽中进行养殖，产生的水流将残饵和粪便排出，并利用沉降原理将它们收集起来，通过吸污设施将污物排出。

集污系统主要有集污设施、吸污设施、输送设施、挡污墙、挡鱼网、积淤区等构成，为了充分利用设备，有的还在设施中加设了输送鱼种、起捕成鱼设施等。有的设施没有集污系统，而是将送出的尾水直接接入种植区或湿地，作为下一个生态系统的有机肥料。

1. 集污设施

集污设施主要有集污池和挡污墙。集污池又分为平底式集污、凹底式集污、锥形式集污和机械式集污，从现在运行的效果来看，平底式集污效果最好、造价适中、便于智能操作（图 2-54 至图 2-56）。

图 2-54　平底式集污池（单轨）

图 2-55　平底式集污池（双轨）

图 2-56　锥形式集污池

　　平底式集污池设在水槽出水口的后端，将所有的集污池连成一个走道，便于机械操作。可以分为 3 米宽集污道和 6 米宽集污道（双集污道），双集污道集污效果较好，但造价较高，所以应根据自己的情况确定。

　　锥形式集污池是在水槽出水口尾部设锥形池，利用重力将污物集中到一个点，然后使用机械吸出。从使用效果看，成本相对较高，而且集污效果并不十分理想。

　　机械式集污主要是采用微滤机对水中颗粒污物进行直接过滤，利用机械功能进行收集。从实践看集污效果一般，且成本很高，一般不宜采用（图 2-57）。

　　2. 吸污设施

　　吸污设施就是利用机械功能将集污池中的污物吸出，从而达到净

图 2-57　安装微滤机的水槽

化水质的效果。吸污设施有轨道式吸污设施、牵引式吸污设施、虹吸式吸污设施、气提式吸污设施等。目前，采用的最多的是双轨式吸污设施。

（1）轨道式吸污设施　轨道式吸污设施又分行车式吸污设施和牵引式吸污设施。行车式吸污设施可分为单轨式吸污设施（图 2-58）和双轨式吸污设施。在平底的集污池上，架设吸污设施，主要由吸污平台、吸污泵、吸污电机、驱动电机、控制箱、电缆（接电板）、吸污盘、吸污管等组成（图 2-59、图 2-60）。

图 2-58　单轨式吸污设施

（2）牵引式吸污设施　牵引式吸污是普遍采用的吸污方法，它是将水泵和电机固定，在集污池中用牵引机械拖动吸盘，从而将污物吸出（图 2-61、图 2-62）。

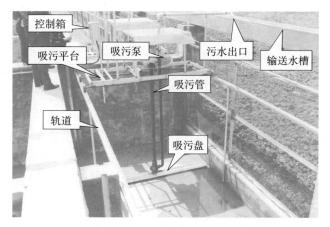

图 2-59　平底双轨式吸污设施

图 2-60　平底单轨式吸污设施

图 2-61　牵引式吸污设施

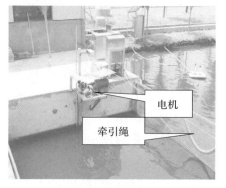

图 2-62　牵引装置

（3）虹吸式吸污设施　利用锥形底集污的特点，将污物集中在一个点，然后用虹吸的方法或水泵抽取，将污物排出（图2-63、图2-64）。

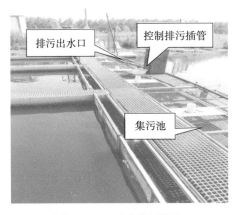

图 2-63　虹吸式排污设施

图 2-64　虹吸式吸污设施

（4）气提式吸污设施　利用锥形底将污物集中到一个点，然后对排污口充气，利用气体的浮力将污物吸出（图2-65、图2-66）。

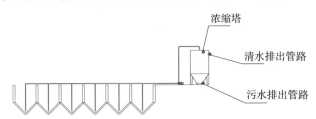

图 2-65　气提式吸污示意

3. 输送设施

输送设施可将吸出的尾水、污泥等输送到岸上。输送设施主要有输送水槽、排污管（吸污管）、暗埋式水下排污虹吸管（底排污）等。

（1）输送水槽　最早见于安徽铜陵的张林渔业有限公司，解决了当时污水用软管输送操作不便的问题。输送水槽是在养殖水槽尾端架设1条明渠，通常用不锈钢构建，

图 2-66　气提式吸污设施

让污水自流到污物处理系统，常与轨道式吸污相配合。

（2）排污管（吸污管）　是直接连接在水泵或吸污设施上的输送系统，在人工吸污时操作极不方便，后来使用机械牵引装置后，使用较多。排污管就是将一条排污软管直接接在水泵上，排污管会随着吸污盘的移动而移动，将污物吸出。排污管在牵引式吸污设施和气提式吸污设施中都有使用。

（3）暗埋式水下排污虹吸管（底排污）　是将排污管事先埋入底板的最下端，通常是锥形式集污池的锥形底，通过制造负压和虹吸原理，让污物排出的方式（类似于高位养虾池的底排污系统）。因为虹吸管要埋在锥形底所以会增加工程成本，加上维护困难，造成负压技术要求高、锥形底集污效果不好等原因，目前使用不多。底排污方式通常与虹吸式吸污设施配合使用。

4. 挡污墙

挡污墙是建在集污池尾端的一道矮墙，一般高 40～60 厘米，起到促进污物堆积的作用。挡污墙不宜太高，因为加高挡污墙会造成截面面积减小，从而加快截面流速，不利于污物沉淀；也不要太低，否则集污效果不好。

5. 挡鱼网

是建在水槽尾端的拦网，通常与水槽等宽，有闸槽、闸网等组件，主要作用是将净化区的鱼拦在集污池以外，防止鱼进入集污区影响集污效果。

6. 积淤区

通过几年的生产实践，水槽系统集污区下游 10～30 米有较多的污物淤积，所以在集污区下游至 10～30 米可以下挖 30～40 厘米，作为污物的堆积场所，既可防止污物满池流动，又便于清塘时集中清除。

7. 输送鱼种、起捕成鱼设施

为了降低劳动力成本，提高劳动效率，往往利用污物输送水槽作为鱼种输送入养殖水槽的设施；也可将集污池建成出鱼通道，通过工具将水槽中的成鱼汇集到起捕池，建成转动码头，方便运输车进出停靠，同时装有起重机械起捕成鱼（图 2-67 至图 2-69）。

图 2-67　可以输送鱼种的水槽

图 2-68　鱼种进入养殖水槽

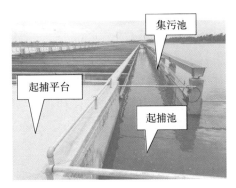

图 2-69　通过集污池将成鱼送入起捕池

四、污物处理系统

污物处理系统主要是对吸出的污水进行处理，可以分为物理处理、化学处理和生物处理。从现有的处理方法来看，主要是进行固液分离，分离的固体经过脱水工艺，可以得到干物质，做成肥料使用；但因为做成肥料需要是干物质，要求脱水和成型，有时还要加化学物质进行脱水处理，会影响其作为肥料的使用，且成本较高，所以更多的是将泥水混合物直接当成肥料施用于蔬菜或果树。经过固液分离产生的尾水，经过物理、生物处理，汇集到洁水塘中，符合养殖用水标准的可以循环使用，符合尾水排放标准的，经过排水口进行排放。尾水处理工艺流程见图 2-70。

污物处理系统的组成主要由沉淀池、过滤坝、硫化床、潜流湿地

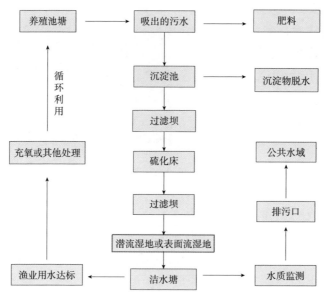

图 2-70　尾水处理工艺流程

或表面流湿地、洁水塘、水质监测、排污口等组成。

1. 沉淀池

沉淀池主要是让吸出的污水在沉淀池中，由于流速减缓，颗粒物下沉到底部，可溶性物质随水进入下一个流程（类似于化粪池结构）。沉淀池一般有2～3个池串联，可以是静水沉淀＋暗沉淀＋曝气沉淀，污物在沉淀的同时还可以加装硝化和反硝化反应设施。沉淀池可以是平底的也可以是锥形底的，锥形底出泥方便但造价较高，所以在循环流水养殖上一般还是用平底沉淀池（图 2-71）。也有商业化的一次成型沉淀池设备。

图 2-71　简易的沉淀池

2. 过滤坝（可选）

过滤坝可以进一步清除水中的颗粒物，并且对氨氮等有一定的降解作用。过滤坝一般为50～100厘米的空心的通透坝，用网或空心砖夹在两面，中间填充石块、陶粒等滤料（图 2-72）。

3. 硫化床（可选）

硫化床技术是利用生物细菌附着在生物载体上，增加细菌的含量和水与生物载体的接触面，从而高效去除水中可溶性氮元素的方法。最普遍的硫化床是在一定水容量的基础上，底部设充气管或充水泵，让水流动，并在其中填入生物载体。生物载体一般是商业化制成的不同型号的专用

图 2-72　过滤坝中可用的陶粒

塑料成型颗粒，也有用毛刷等代替的。如果使用硫化床技术，一定要保持设备始终处于流水中，否则，无法实现处理效果，所以不能保持全天吸污流水的设备不要加硫化床技术。

4. 潜流湿地或表面流湿地（可选）

要在流水过道中建成潜流湿地或表面流湿地，可以在流水过道上填入滤料，让水在土层中流动，形成潜流湿地；在过道上层铺设营养土或砂层，在土中引入蚯蚓等环节动物，在土层上栽种水生型观赏植物或经济植物，让水在地表流动，形成表面流湿地。这样可以营造一个生态系统，达到吸收水中有机物和营养盐的作用，同时也有较好的观赏效果。

5. 洁水塘

洁水塘是污物处理系统处理过的尾水储存和进一步优化的场所。洁水塘应区别于养殖池塘独立修建，面积占池塘养殖面积的 10% 左右。在洁水塘中可以栽种水生植物，放置生物浮床，放养螺蛳、河蚌等滤食性贝类，通过生态方法调节水质，储水面积需满足 1 次换水用量，以缓解水质达标排放的压力，也可实现尾水的循环利用。对洁水塘的水进行水质检测后可以有两个选择：一个是经检测如果符合养殖用水标准，而养殖池塘也需要用水，可以将水经过充氧等处理后输送至养殖池塘循环使用；另一个是需要排放尾水时，若经检测的池水尾水符合排放标准，可以通过排污口按规定排入公共水域。

6. 水质监测（可选）

水质监测的目的主要是了解水质的达标情况，判断污物处理系统

的处理能力，调节水质处理工艺；也可以判断排放的尾水是否达标。水质监测通常可采用3种方法，权威的方法是标准检测方法，也就是按照渔业用水标准或者尾水排放标准（行业标准或地方标准）规定的检测方法进行检测，一般养殖企业不具备标准方法检测的能力，可以采用简易检测方法，如比色法进行检测，也可以使用在线检测系统，在进行这种检测时，要注意经常对检测设备进行校准，将获得的数据定期与用标准方法检测获得的数据进行比对，经过修正后才能得到比较可靠的管理数据。

7. 排污口

排污口的设置要注意合法、科学规范，选择的排污口要避开生态保护区、种质保护区、饮用水源保护地等敏感地区，设置前要进行设计和论证，获得水利、环保等管理部门的认可，取得排污许可证（或实行备案），设置醒目标识，按规定处理，达标后定量排放。排污口最好与整个养殖区统一规划，选择排放至水产养殖区共用的排水区域，经过统一处理后再排放。

五、净化系统（大塘净化区）

净化系统是池塘流水槽循环水养殖的核心，体现系统的技术先进、生态安全、环境优美的整体状态，占整个池塘养殖面积的95%以上。我们所说的流水槽循环水养殖，首先体现在循环流水，既要实现水槽内的循环流水，更要实现大塘净化区的循环流水。要实现这个目标，就要水是动的，动力的来源是水槽系统中的机头，但水流动的效果却是要在整个系统中的流水效果体现的，衡量的标准是用最小的动力实现整个水体最有效的流动（图2-73）。这是因为用最小的动力推动流水可以节能减排、节约成本、提高养殖效益。关键的还是因为流水是系统的本质特征，水槽中的流水可以保证水槽水质始终与大塘净化区保持一致；而大塘净化区水质的优良或达标才是整个系统环境优良的核心保证。因此，抓好大塘净化区水质就是抓好整个系统良好运行的关键，而保证大塘净化区环境优良要做到以下3点：一是保持水的流动，这种流动又可分为两个方面，一方面，池塘水体的水平流动，也就是保证池塘中每个地方的水都会流动，都得到交换，每个地方都有好水；同时流水也可提高池塘自我净化的能力，使得整个池塘都处于洁水效能最佳状态，所谓流水不腐就是这个道理。要做到全池塘水体的高效流动，关键点是保持水体流动速度均匀，不因各个点流速不同而造成水体的动能和势能频繁转换，使得能量丢失，而做到这一点最简单的方法有2种：一种是努力保证池塘中流水经过的各个距离上的点的截面积基本相同，另一种是努力使池塘中的流水有最长的路径，这两点是池塘特别是大塘净化区设计的关键。另一方面，水体的垂直流动。实现垂直流动的方法就是通过机头曝气增氧格栅产生向上的水流，将池塘下层的水提升到上层，实现了池塘上下层水的对流，解决了传统养殖因为水温、盐度跃层而造成相对封闭、底层缺氧而频繁发病甚至泛塘的问题，为池塘环境的根本改变提供了可能。二是努力改善水质，可以通过构建大塘净化区的生态系统，用人工湿地的原理，通过人为的塑造，来实现环境优美、水质优良的现代渔业目标（图2-74）。三是提高大塘净化区的经济效益和生态效益，通过环境改良以及动植物品种的选择、搭配和利用，营造优质产品、优良环境，实现形式创新、品牌创制、旅游创造的"三创"业态，提高产业经营质量和经济效益，提高投资者和劳动者生产生活的良好体验和幸福的获得感。

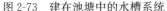

图2-73 建在池塘中的水槽系统　　　　图2-74 养殖水槽与湿地公园结合

净化系统主要由池塘、导流坝、防浪堤（可选）、增氧动力机械（可选）、进排水口、生态系统等构成。

1. 池塘

池塘应选择进排水方便、水源充足、水质优良、土地使用性质合规、土壤适合池塘养殖要求、交通方便、电力配套齐全、周边环境优良无污染的水产养殖区域。池塘一般为长方形，面积介于30～200亩为宜，池塘数量最好多于2个，多于2个的池塘要相邻，可以提高资源利用率。

2. 导流坝

导流坝是池塘中约束水流，使池塘流水尽量走最长路线的设施。导流坝一端接着水槽远端，另一端伸向池塘最开阔的水面，将水面进行等量切分，从而实现流水路径上截面积尽量一致。导流坝有土质、板式、浇筑等结构，可以因地制宜地加以采用。在土质导流坝上可以修建风景园林设施（如亭台等），种植果树、草坪或蔬菜等，以增加养殖区的美感（图 2-75、图 2-76）。板墙式导流坝见图 2-77。

导流坝作为风景点

图 2-75　水槽导流坝与景观小岛结合

土质导流坝

图 2-76　水槽导流坝与景观结合

图 2-77　板墙式导流坝

3. 防浪堤（可选）

防浪堤一般建在较大面积的大塘净化区中（大于 6.67 公顷），因为大水面容易起浪，对水槽设备（特别是推水增氧设备）有很强的破坏作用；同时，防浪堤还有导流作用和景观作用。防浪堤应该顺流而建，其上可以栽种植物，搭建亭台，也可以修建廊道，作为休闲景观之地（图 2-78）。

图 2-78　大塘净化区中的防浪堤

4. 增氧动力机械（可选）

在大塘净化区中还可以设置增氧机，主要是在水流运转的狭窄处设置，一般选用水车式增氧机（图 2-79），一是为了推进水流运转，弥补远端水流动能不足；二是为了增氧，提高水体溶解氧水平。如果大塘净化区水流畅通，溶解氧充足，也可以不选。

图 2-79　水车式增氧机

5. 进排水口

一般选择在池塘的上游设置进水口，进水口要选在靠近水源的地方，可以建涵闸、涵管等设施进水，也可以建提水泵站进水，进水能力最低应满足 3 天可加满池的要求。进水口要设置过滤设施，如果有必要可以设置双重过滤，保证水源干净，减少敌害进入。排水口一般设置在池塘的下游，可以设在洁水塘的上游，通过洁水塘处理后达标排放，可以与洁水塘循环用水共用进水口，可减少建设成本。也可以在池塘下游单独建排水闸，但所排水应进入水产养殖区共用尾水处理区或单独的尾水处理区，实现尾水达标排放。

6. 生态系统

大塘净化区一定要有好的生态处理方法，利用生态修复手段，实现水质净化。一般可以采用种植水草、设置生物浮床（可选）、设置微生物载体（可选）、投放滤食性水生动物等，还可以放养少量肉食性鱼类或经济品种，控制生物质量，提高经济效益。

（1）种植水草　可以在大塘净化区设置浅滩，种植一些潜水植物或沉水植物，也可以在沿岸种植一些挺水植物，加强水中营养盐的吸收，对环境也有美化作用。种植植物不要太密，一是要注意预留水道，防止过密影响水流畅通；二是要注意植物长势，在高温或其他情况引起坏死时会败坏水质，难以控制。

（2）设置生物浮床（可选）　可以在大塘净化区水面上设置生物浮床，浮床可以用毛竹搭建，也可以用专门的商业化成品搭建。生物浮床上可以栽种空心菜等经济植物，也可以种植黄菖蒲、鸢尾等观赏植物。用毛竹搭建浮床时，要注意采用双层网，上层网种植水生植物，下层网保护植物根须，以防止草鱼等摄食（图 2-80、图 2-81）。

图 2-80　大塘净化区中的生物浮床　　　　图 2-81　毛竹搭建的生物浮床

（3）设置微生物载体（可选）　为了提高大塘净化区的净化能力，还可以在水中投放生物载体，如毛刷（图 2-82）等，可以提供硝化细菌的附着场所，扩大接触面积，提高氮、磷等元素的降解处理能力。

也可以在大塘净化区池水中直接投入有益细菌，如 EM 菌、光合细菌等，以提高水体的生物降解能力。

（4）投放滤食性水生动物 为了建立生态系统，充分利用水体生产力，应该在大塘净化区投放一定数量的水生动物，主要投放品种有滤食性的鲢、鳙，一般

图 2-82　毛刷（可用线绳固定在水中）

每亩放规格为 100～250 克/尾的鲢 50 尾左右、鳙 10～20 尾，主要用于控制浮游动植物的生长；草食性的草鱼 10 尾左右，规格为 100～250 克/尾，主要控制水草生长；刮食性的螺蛳 200～500 千克，主要利用其摄食残饵、粪便，改善底质状况（最好不要投放河蚌，因其春天繁殖时会产生钩介幼虫，对鱼种有较大损伤）。

（5）放养肉食性鱼类或经济品种　少量投放肉食性或吃食性水生动物，建立完整的生态系统，维持生态健康。每亩可以投放肉食性的鳜鱼种 3～5 尾，规格 8～10 厘米/尾，以控制小杂鱼繁殖；投放规格 100 克/只以上的鳖 2～5 只，以清扫病死水生动物；投放南美白对虾 5 000 尾左右，以清扫底质中水蚯蚓等，可以控制孢子虫等寄生虫的中间宿主，达到防治病害的目的。通过构建大塘净化区生态系统，既可以达到稳定水质、减少人工投入、防止病害蔓延、美化生态环境的目的，又可以增加收入，提高资源利用效率，运用好了，事半功倍。

六、电力及机械系统

电力及机械系统在池塘流水槽循环水养殖技术模式中有着重要的地位，因为与传统池塘养殖相比，其电力设备使用范围广，充气设备几乎要求全年运行，所以电力保障至关重要。在确定设计时，对于电力系统，首先要确定系统总的电力负荷，总的电力负荷主要根据池塘大小、水槽多少、水产养殖年产量、水位线深浅、机械化程度高低等情况确定。一般来讲，1 条水槽配备功率 2.5 千瓦，或者每 0.667 公顷养殖池塘水面 2.5 千瓦。其他配套主要根据生产需要确定。

电力及机械系统主要由高低压线路、控制柜（配电柜）、发电机、

道路、进排水渠、绿化、常用机械、常用工具等组成。

1. 高低压线路

池塘流水槽循环水养殖系统的正常运行离不开电力保障，而电力保障最重要的条件是系统的电力线路与国家电网相连，主要应做好这几项工作：一是在项目选点时就要注意池塘与电网的位置，与高压电网及变压器的距离越近越好，这样可以节省线路资源，减少电损消耗；同时，要与电力部门沟通好，了解电路的容量和供电状况，将用电计划纳入地方总的用电计划，避免电路增容等增加基本投入，还影响生产的正常开展。二是要了解用电的计费情况，农村用电的计费情况比较复杂，在建设之初就要了解这方面的准确情况，确定系统用电计价方式是综合电价、农业电价、居民电价，还是工程电价，不同用电价格差异很大，会对用电成本控制造成较大影响，所以要与当地电力部门事先沟通，达成协议，力争采用较低的用电计价方式，大部分是农业用电或综合用电价格计价。三是内部电网最好一次到位，并与国家电网相衔接、相匹配，如果养殖规模较大，还要请电力部门预先专门设计、专业施工，形成高低压电网有效组合，合理设置内部的变压器位置，保证电路电压稳定，电损较低，用电正常。

2. 控制柜（配电柜）

控制柜的规格要与用电的总功率和要求控制的单元数量相匹配，具体操作应与专业电工联系确认（图 2-83）。一般在规模养殖时要求使用控制柜，最好建在配电室中，配电室与发电机房、鼓风机房应紧挨，或共用一个机房。有条件的，控制柜要安装停电报警装置，如果可能，应将停电报警装置与管理者手机相连，一旦停电可立即提醒责任人。因为池塘流水槽循环水养殖系统水槽的载鱼密度较大，基本要保持生产周期全天不停机、常年不停机状态；否则，就会造成很大损失。切记，停机一般超过 30 分钟就可以造成水槽中养殖鱼类全部死亡。同时，在应急状

图 2-83 控制柜

态下，要有自动控制装置，加装
自动转换设备，具有自动转换和
手动转换双控制，在电网停电时
发电机自动启动并切换至供电状
态，以保证水槽保持充氧和流水
状态。

3. 发电机

发电机一般采用柴油发电机
（图 2-84）或汽油发电机，功率与
养殖单位整个用电总功率相匹配，
最低不低于应急用电功率，一般

图 2-84　柴油发电机

标准是不低于其中 1 台鼓风机功率的 3 倍；否则，鼓风机启动困难。发
电机应预先浇筑机座，发电机固定安放在专用机座上，并加盖专用厂
房，与其他机电区一样加挂安全标识。有条件的可以添置移动电站，
这种商用的电力设施可靠性更高，随时可以移动，提高设备的利用效
率。如果规模较小，应急状态下可以直接用拖拉机上的柴油机带动鼓
风机，可节约生产成本（图 2-85、图 2-86）。

图 2-85　柴油机与鼓风机直接连接

图 2-86　移动电站作为应急电源

4. 道路

在养殖区设计时就要规划好道路建设，做到主辅路结合，路面尽
量硬化，保证鱼种、成鱼、饲料、机械等运输方便。

5. 进排水渠

建设养殖区时就要充分考虑好进排水口的设置、进排水渠的布局、
进排水涵洞的位置，可以提高进排水效率，节约建设成本。进水口通

常设置在当地主河道，水质良好、水量充足；要及时与水利部门沟通，将用水量纳入当地农业用水计划之中，并对进水口备案。对排水口，要主动与当地环保部门、水利部门沟通，该履行的程序要及时办理，需要备案的及时备案，需要设置标牌的要主动设置，需要安装在线监测系统的要及时安装并进行有效管理。对尾水排放要明确专人负责，认真登记备案，并按规定对排污口尾水排放进行管理。在规划设计时要注意，因为进水渠的渠脚较高，口面较窄，建设成本较低，占用土地较少，可以适当加长；而排水渠的渠脚较低，口面较宽，建设成本相对要高得多，占用土地也多，所以要尽量缩短长度或利用自然地形建造。

6. 绿化

绿化是营造养殖区优美环境的主要举措，绿化要有计划，按照养殖布局统一规划，要草坪、低矮植物、高大植物、水生植物相搭配，常绿植物、落叶植物相交错，观花植物、观叶植物相连接，形成错落有致、四季有景的布局。在造景区、导流坝、防浪堤、路旁、渠旁、房前屋后，都要计划栽上植物，建设公园式、生态式水产养殖小区（图 2-87、图 2-88）。

图 2-87 养殖区的绿化　　　　　　　图 2-88 公园式养殖小区

7. 常用机械

通常运输机器有拖拉机、小型汽车、手推车等；抽水设备有水泵、潜水泵等；起重设备有起重机、起重葫芦等；运鱼机械有输送机、输送带、输送槽等；船只设备有管理用船、割草船等；备用机械有鼓风机、增氧机等。

8. 常用工具

在生产之前还要备好常用生产工具，如网箱、地笼、捕鱼抄网、鱼筛、下水皮衣等。

七、生产管理系统

生产管理系统主要是为生产运行提供保障的系统，建设好生产管理系统可以有效地实现渔业现代化管理，促进产业转型升级，推进渔业高质量发展。可以提高生产效率，提高水产品质量，提高企业品牌能力，提高企业技术能力，丰富生产经营类型，提高企业经营效益，生产生活设施完善，员工的生活质量提高，员工生活幸福感增强。

生产管理系统主要包括经济管理、生产生活用房管理、监控及智能化管理、加工包装及市场开发管理、环保管理、安全管理、科技管理等。

1. 经济管理

经济管理是企业经济活动的核心，实现经济效益是生产管理的主要目的。一是明确企业的管理模式，明确经营主体的性质、投资人的范围和组成、企业运行方式、资产构成、企业管理结构、企业利益分配机制等问题，便于企业高效运转；二是制订企业管理制度，通过制度来规范企业生产经营行为；三是明确企业管理人员，明确领导人员、管理人员、财务人员、科技人员、工作人员等；四是明确每个人的工作任务、目标和责任，各类工作人员在各自工作范围内完成其工作任务；五是明确财务核算和管理程序，通过对财务的事先约定，对生产经营过程进行监督，防止或减少纠纷，保证企业高质量运行。

2. 生产生活用房管理

生产生活用房主要包括办公用房、生活用房、机械用房、仓储用房、监控用房、加工包装用房等（图2-89）。房屋建设要注意相关法律法规和地方规划，在设计规划中就加以明确，要调查了解占地的土地性质，是城镇建设用地，还是一般农

图2-89　生产生活用房

用地、水产养殖用地、基本农田、工程用地等，明确自己房屋的用途是农业生产用地，还是配套用地、加工用地、居住用地等，根据土地性质和房屋用途办理相关建房手续。

3. 监控及智能化管理

池塘流水槽循环水养殖一般要求采用工程化管理手段，所以其管理手段很多都采用工程化管理方法。监控系统，一是视频监控系统，通过设置视频监控探头，了解和记录生产过程，方便生产管理，做到过程可追溯。二是水质监控系统，通过设置水下探头，适时采集水质数据，主要有水源水质监测、养殖水质监测和尾水水质监测。根据各个部位监控的要求，设置监测指标，指标有 3 类：①应急型指标，主要是溶解氧，溶解氧过低时可以自动报警。②管理型指标，主要有pH、氨氮、化学还原电位等。③法定指标，主要有养殖水环境指标、尾水达标排放指标等（图2-90）。三是实验室监测系统，主要通过采样的方法获取水样或产品样本，通过标准方法或快捷方法获得数据，实现对生产的控制。四是市场监测，通过对销售

图 2-90　养殖系统控制盒

市场信息的监控，及时掌握市场行情，调整市场营销策略，实现与市场的互动。而系统的智能化则是在自动监控获得大量数据的基础上，通过现代信息技术和控制手段，实现养殖生产的自动分析、自动报警、自动控制，从而达到对生产和整个经济活动进行准确分析、科学决策的目的。

4. 加工包装及市场开发管理

池塘流水槽循环水养殖的特点就是产品质量好、产品形式灵活，所以做好市场开发尤为重要。一是要做好产品的市场定位，根据目标市场要求生产个性化产品。二是做好品牌建设，申请专用商标，制订产品标准，实现质量控制，维护产品质量，保护企业权益。三是做好可追溯体系建设，有条件的可以通过监控系统的视频，让产品生产过程上线，做到产品生产过程公开，提高产品的透明度和美誉度。四是

开拓视野，丰富产品形式，可以依托池塘流水槽循环水养殖设施，组合休闲渔业、观光渔业、餐饮渔业、互动渔业、电商渔业、互联网＋渔业等形式，通过渔业产业结构调整和产业高质量发展，通过生产、产品、市场的创新，开创渔业发展的新空间。

5. 环保管理

营造优美的生产环境，提供合格安全的水产品是池塘流水槽循环水养殖的目标和追求。在做好尾水达标排放的基础上，要对所有垃圾做到可控：第一，做好方案，对产生的污染物进行排查，列出"负面清单"，按照专门化要求，分别做好污染物排放管控处置的实施方案和应急方案。第二，成立组织，明确任务和责任，明确方法和处理过程。第三，全方位管控，在排查的基础上，要对排查出的问题逐项解决。例如，对生活垃圾，如餐余垃圾、生活废水、粪便等采取接入城镇处理系统等措施解决；对生产垃圾，如淤泥、编织袋等进行回收利用，集中处置；对有害垃圾，如药品包装袋、包装瓶要交给无害化处理部门专门收集处理；对死鱼死虾，要按照疫病防控要求，做好无害化处理，不得随意乱丢或变卖等。要做好环境的美化，做到山、水、林、田、湖、草的统一治理，做好生态保护，建造公园式养殖场所。

6. 安全管理

主要是做好人员安全、生产安全、产品安全。首先，在思想上高度重视，把人民群众的生命财产安全放在最重要的位置来考虑。其次，抓好落实，制订安全生产实施方案和应急方案，落实安全生产责任，保证全面贯彻落实安全理念和措施。再次，抓好检测、检查工作，分时段、分环节进行抽样检测，针对指标进行评判，在各个环节保证安全生产措施执行到位。

7. 科技管理

加强对技术进行研究，注重技术创新，及时申请专利，保护知识产权；加强研究成果的总结和成果申报，以便及时获得相关部门的肯定。加强对科技成果的管理，对企业的核心技术经常性地进行保护维护，提高企业的竞争能力。加强对专利、成果的开发利用，通过与大专院校和科研单位等进行合作，加强成果利用，力争将科技成果的转化作为企业收入的重要来源。

第四节　系统建设实例——池塘流水槽循环水养殖（混凝土水槽）建设方案

一、使用范围

池塘流水槽循环水养殖水槽主要是在原有池塘基础上，通过新建设施，构成养殖、净化循环系统，改池塘"散养"为设施"圈养"。本建设方法主要针对大面积池塘流水槽生态养殖系统，养殖品种主要为适合于投喂膨化饲料、饲料系数低于1.8的吃食性鱼类。本节主要介绍混凝土水槽的建设规范，适用于常规养殖池塘。该设施是一种不可拆卸的建筑，建在池塘中，为露天模式，建设单位应先咨询当地有关部门，获批准后再建。

二、建设选址

1. 水源

养殖区内水量常年充足，水质满足池塘养殖水质要求，符合《渔业水质标准》《无公害食品　淡水养殖用水水质》标准要求。场区配有渠道和泵房，拟建流水槽循环水养殖设施的池塘确保有渠道到塘口，方便进排水。

2. 土质

池塘底泥以黏土或黏沙土为好，有较好的保水能力，有条件的生产企业，池埂可以做硬质化护坡，保证池埂坚固，耐风浪冲击。在淤泥较深的老塘口中建设，应采用清淤、抛石等方法对拟建区域进行局部改造处理，改造面积大小视建设规模而定。

3. 环境

选择环境条件较好的塘口实施，无需改造护坡，只要原有池埂坚固保水即可，池塘形状保持原貌，可不做修改，但其长宽比应在（2～3）∶1，不宜过大。

4. 电力

需要动力电，要有三相高压线直接送电到塘口，在拟建系统边建有配电箱，单条水槽电容量保证不低于3千瓦。用电收费标准最好是执行农业用电标准，必须配备相应容量的发电机组。该发电机组只在停电时供给推水和底增氧设备用，建议使用自启动式发电机，确保在无人值班时，市电断电时能自动启动供电，同时储备一定量的柴油（汽油）。

5. 交通

交通运输要便利，有硬化路面直达塘口，路面宽度和承重能力满足中大型运鱼车辆通行要求。

6. 通信

采用有线网络或无线网络，便于连接智能控制设备，互联网线最好能直通塘口。

三、建设规划

1. 场地要求

拟建设施的池塘面积一般不小于2公顷，介于3.333～26.667公顷较好。单条水槽规格为长30米、宽5米、深2.5米。为便于计算，每10亩水面建1～1.5条水槽，每亩建设水槽养殖面积不少于10米^2，不多于50米^2，以10～20米^{2}为宜。例如，一个50亩的池塘可以建设5～7条水槽。

2. 池塘要求

一般以长方形或椭圆形池塘为好，长宽比（2～3）∶1，池埂坡比1∶（1.5～2），池埂高2.5米以上，蓄水深2米左右。塘底淤泥不宜太深，一般少于30～40厘米为宜。

3. 水槽建设选址

应接近路边，以方便运输，同时考虑到池塘净化区水流通畅，一般水槽建在池塘长边池埂的1/4～1/3处，以靠近路及电源为佳。整个水槽的宽度宜控制在池塘宽度的一半以内。

四、系统建设

系统可以分为3大部分7个系统。3大部分分别为设施、设备和管理软件。7个系统分别为水槽系统、推水增氧系统、污物回收系统、污物处理系统、循环净化系统、电力控制系统、生产管理系统。对于部分小型设备，可以根据自己的地理条件、养殖品种、生产技术、资金条件等独立选择搭配上述系统。

1. 水槽系统

该系统是养殖的主体设施,水槽总长 30 米。其中,养殖区 22 米,集污区 6 米,推水机区 2 米;水槽宽 5 米,高 2.2～2.5 米。水槽结构为砖混结构,由混凝土底板和隔墙组成,按功能区可以分为饲养区、推水机区、污物收集区,并配套拦污墙、拦鱼格栅、闸槽、闸板、支架、行道、导水坝等设施。养殖水槽水深尽量以池塘蓄水深度为准,池塘水深较浅的,应在设施建设区域进行疏浚下挖,下挖口面呈倒梯形,下挖深度以保证水槽内有效水深在 2～2.2 米,一般不超过 2.5 米为原则。倒梯形底面略大于混凝土底板面积,倒梯形水流方向两边的坡比在(10～15):1;另外两边坡比适度,以牢固不坍塌为宜。

(1)底板 一般采用混凝土整板浇筑,根据池塘底质情况可以选择加钢筋笼和不加钢筋笼。整浇底板方法:清整底部,压实底泥,铺设 10～15 厘米厚度的碎砖或碎石,用直径 6.5 毫米的钢筋,土质硬实的可不用加钢筋。需立模后浇筑 15 厘米厚的混凝土,混凝土标号为 C20 或 C25,底部抹平。底板保养期过后,放样砌筑墙体,墙体规格为三七墙,注意不要用水泥砖砌墙,以防长期水泡造成强度下降,一般采用黏土砖或空心砖,两面用水泥粉刷。若池塘底质土层较坚硬,也可以采用分浇底板的方法,即先砌墙体,在墙体基本建成时,在每条水槽里铺设碎砖或碎石 10～15 厘米,铺设钢丝网,浇 10～15 厘米混凝土,抹平。池塘淤泥较多时,部分清淤后,采用整体浇筑方法;池塘底淤泥较少、底质较硬时用分浇法。

(2)推水机区 该区域是安装推水机曝气格栅及导流板的区域,一般在进水端 2 米处。机头区域的两侧墙体低于水槽墙体 20～30 厘米,便于架设推水装置。推水机区前底部建有止回墙。

(3)隔墙(槽身) 为养殖区域,长为 22 米,槽身高 2.2～2.5 米,墙体为三七墙;水槽两侧墙体用五零墙(或称双砖墙),宽 50 厘米;每隔 5 条水槽加厚 1 个墙体。砖墙砌成后两面用水泥粉刷,单砖墙厚 26 厘米左右,加厚墙宽 52 厘米。如果需要可以在墙顶加角铁焊接的铁架圈梁,上铺玻璃钢格栅,便于随时架接设备,与支架相连,既可加固墙体,又美观实用。有条件的在墙体干后可以用水产养殖专用涂料涂刷,以减少鱼体受伤,减少病害发生。

(4)污物收集区 为出水端的过道,全部水槽的两端墙体长为 28

米，其余墙体为 22 米，从而形成一个长形区域，构成污物收集区。该区域宽 6 米，长为 $n \times 5$ 米（n 为水槽总条数），建设多条水槽的，以20 条水槽为 1 个单元，建 1 条收集过道。把推水区墙体长度计算在内，则设施两端的水槽墙体全长 30 米，其余墙体总长度为 24 米。

（5）挡污墙　养殖过程中，由于持续流水，养殖槽内污物随水流汇集到集污区。为防止污物流出集污区，做到有效收集，在集污区末端建一个砖混结构的挡污墙，墙高 50～60 厘米，规格为二四墙即可。

（6）拦鱼栅　每条水槽需配有 3 个固定拦鱼栅，材质为 304 不锈钢，分别设在养殖区前端、养殖区后端、集污区末端。养殖区前后端两个拦鱼栅主要功能是防止主养鱼外逃，集污区末端拦鱼栅主要功能是防止鱼进入集污区搅动沉积的污物，造成污物散溢出集污区。根据需要，还可在距养殖区前端拦鱼栅 2 米位置增设 1 个临时拦鱼栅，材质为渔网（网目大小视养殖鱼不同规格而定），其作用是防止鱼类应激反应冲撞硬质拦鱼栅造成伤亡，放养 1 个月后视鱼的应激情况，适时撤除。

（7）闸槽　设在每条水槽槽身的进水端后和出水端前的 20 厘米处，每端要设 2 个闸槽，即双闸槽，2 个闸槽间距为 10 厘米，目的是在需要的时候可以更换拦鱼栅。闸槽可以在槽身墙体和底板上直接开槽，三面都要设闸槽，槽宽一般为 5 厘米，深不少于 2 厘米，也可以用钢条，规格为宽 5 厘米、厚 3 厘米，钢条直接安装在墙体上。安装时一定要与底板垂直、与墙体平行，以便于闸板插放。

（8）闸板　闸板规格一般为 5.04 米×（2.0～2.3）米，具体视闸槽深度和正常控制水位而定，框架一般采用 304 不锈钢或角钢焊接而成，网衣一般用 304 不锈钢，也可以用玻璃钢格栅，但必须要有一定强度，以防鱼类冲撞导致破损而造成养殖区鱼类逃逸。孔径以养殖鱼种头部鳃盖部周长的 2/3 以内为宜。每条水槽至少做 2 个闸板，也可以根据需要做不同孔径的闸板，以便在鱼类规格不同时备用。另外，还要根据净化塘鱼的大小做拦鱼闸板，每条水槽至少做 1 个拦鱼闸板，最好每个污物收集通道中的拦鱼闸板中有 1 个设活门，以便运鱼网箱进出。即每条水槽至少做 3 个闸板。为了预防刚放养鱼的应激反应，可在养殖区内距离推水进口 2 米处预做一组插槽，便于必要时插放软网材质的闸板，目的是不让鱼直接撞击到前端硬质格栅上。

（9）连梁　根据需要每条水槽的顶端应做连梁，连梁可以用钢材或混凝土，架设在水槽墙体顶端，将两个墙体连接起来，每条水槽配有 2～3 根连梁，多条水槽通过连梁相互连接，以增强墙体的牢固程度，最好与设压顶的圈梁相连。

（10）行道　每套系统建 3 条行道，分别是养殖区进水前端主行道、养殖区出水后端辅行道及集污区末端的辅行道。主行道宽 120 厘米，辅行道宽 60 厘米，所有行道长度均贯穿全部水槽。行道可用预制楼板、混凝土、玻璃钢格栅等材料制作，用作鱼种、商品鱼、生产物资等的运送以及日常管理维护的行走通道。

（11）导流坝　起到阻隔、引导水流的作用。需有 2 条导流坝，与系统最外两侧墙体相连接，一条导流坝连接系统和岸边，完全封堵水流，避免水流短路；另一条导流坝在系统另一侧，与水槽应紧密连接，不能有水流空隙，与水槽垂直，也可与水槽下游岸线平行或向外成一定角度（一般 45°）朝池塘里延伸，延伸长度视水槽远端与池塘另一池埂的距离而定，一般距池埂 50 米为宜。导流坝的高度应超过水槽顶端的高度，导流坝以土坝或混凝土墙体材质为好，无土方条件的，也可用麻布网等以打木桩整齐排列的方式做成。

2. 推水增氧系统

由推水和底增氧两部分构成，主要作用是产生水流和水体增氧。可以分为集中供气、独立供气和串联供气等方式，相应设备主要由鼓风机、供气管道、增氧格栅、止回墙（板）、挡水导流板、底增氧等部分组成。

（1）鼓风机　鼓风机有罗茨鼓风机、旋涡鼓风机和双段旋涡鼓风机等，可以根据增氧格栅到水面的深度进行选配。深为 1.8 米（水槽水深 2.2 米，以下同比例），且水槽条数 20 条以上的选罗茨鼓风机；深 0.8～1.2 米，且水槽条数 20 条以下的可以选配双段旋涡鼓风机；深 0.8 米以下，可以选配旋涡鼓风机。鼓风机的功率，每条水槽 1.5～2.2 千瓦，以 2.2 千瓦为宜。

（2）供气管道　集中供气以钢管为好，管径需根据送气距离远近设计，并计算管径的缩变以保证各条水槽出气压力一致，避免后端水槽气压不足。独立供气可以选配塑料管道，每条水槽的送气端应该设独立的调节阀门。

（3）增氧格栅　增氧格栅是用直径 2.5 厘米的 PPR 管焊接而成的方框，规格一般为 102 厘米×116 厘米，四周为送气管道连通而成，中间设置微孔增氧管，每个增氧格栅安装 30～31 根微孔增氧管，以保证供气量。微孔增氧管分进口和国产微孔增氧管，以进口微孔增氧管为好，微孔增氧管与水槽平行设置，长 1 米。连接的固件要结实，最好用不锈钢材质材料。增氧格栅一般在距离水槽底板 50～60 厘米处设置，格栅一侧边框中间部位有连接鼓风机送气软管的接口，每条水槽须配 4 个增氧格栅。

（4）止回墙（板）　在增氧格栅的底部近水槽一端设止回墙（板），高 50～80 厘米（以略高于增氧格栅下端为准），主要防止上端推水造成水槽底部回水。可砌单砖墙或在拦鱼栅底部用塑料板、阳光板等将拦鱼栅封住而成。

（5）挡水导流板　挡水导流板设置在增氧格栅的上方，以 45°设置为好，挡水导流板的材质有玻璃钢板、不锈钢板或阳光板，表面要光滑平整，接缝处要密实，不要造成水反流。设置应牢固，宽度和长度应大于增氧格栅的尺寸（挡水导流板投影面积应略大于增氧格栅面积），挡水导流板两端与水槽墙体相连，底端与增氧格栅平齐，上端应保持高出养殖水面；否则，会造成水体向后流动，损失推水动能。

（6）底增氧　由一台 2.2 千瓦的旋涡增氧机、输送管道和增氧棒组成，一般每 4 条水槽配 1 套底增氧设备。输送管道可以采用 PVC 管，增氧棒每根长 2 米，在中段用三通供气，沿水槽长头两侧平均分布于池底。供气主管置于水槽墙体顶端，用软管与增氧棒相接。

3. 污物回收系统

主要由吸污泵、驱动机、吸污盘、吸污管道、输送槽、集成控制柜等部分组成，组合安装在同一个支架上，支架由钢质材料焊接而成，共同构成污物回收系统。20 条水槽以内配 1 套吸污回收系统，超过 20 条的应另外增加吸污回收系统，具体数量根据水槽多少而定。

（1）吸污泵　吸污泵固定在轨道车上，一般采用双吸污泵，每台吸污泵功率配置在 2.2 千瓦左右。

（2）驱动机　由 1 台 2.2 千瓦的电动机、变速箱、轨道、传动轮、电缆等组成。负责在轨道上以合适的速度运转吸污。

（3）吸污盘　两个吸污盘为一组，每个吸污盘距集污区池底面 5 厘米左右，长方形吸口，规格为长 200 厘米、宽 20 厘米。

（4）吸污管道 由金属管道组成，同时也是吸污盘与吸污泵的连接系统。

（5）输送槽 是由不锈钢制成的 U 形槽，高度要高于污物收集处理池，两端应有落差，视输送距离远近，一般落差在 20～30 厘米，输送槽将污物直接输送到沉淀池。

（6）集成控制柜 可安装自动控制器，连接监测探头及监控摄像头，可以控制吸污系统的启动和运行时间、管线压力报警、推水流速、饲料投喂等，实现养殖系统自动化。

4. 污物处理系统

主要由沉淀池、一级处理区、二级处理区等组成。

（1）沉淀池 目前，一般采用化粪池结构，沉淀池为水泥池结构，一般情况下其规格为 2 米×4 米×1.6 米（宽×长×高），分成 2 个池，采用二级跌水方式，出水口高 1.4 米。若水槽条数为 50 条以上，则可适当加大尺寸，并经常清除沉积物。

（2）一级处理区 为沟渠。沿岸边建渠道，可利用池塘土埂开挖，宽1.2～1.5 米，深 0.5～0.6 米，长 100 米以上（有条件的应尽量长些），渠道底部与沉淀池出水口等高，引出沉淀池的上清液，保持渠道水深 0.4～0.5 米，在渠中可以栽种水草，也可以放硬质木屑，还可以放惰性材质物体，如尼龙网、生物球等，以便于尾水中可溶物质的消解。

（3）二级处理 在池塘的一端可以隔出一块区域，用来收纳一级处理后的尾水，在塘中可以栽种水草或其他水生植物，可进一步促进尾水消解并回到养殖塘循环利用。

5. 循环净化系统

水槽养殖系统外的水面可构建循环净化系统区域。主要通过在其中放养虾蟹、滤食性鱼类、螺蚌类，栽种水草、使用微生态制剂等措施实现净化水质的目的。由池塘、进排水口、防逃墙、防浪堤、辅助推水设施、草坪等组成。

（1）池塘 以长方形池塘为宜，长宽比以（1～4）：1 为好，边坡要整平滑，最好做护坡，池底应清除淤泥、整平。不规则池塘只需在建设系统的区域进行底部和岸边修整，以满足系统对水深和交通的要

求，其他可保持原状态，减少投资。

（2）进排水口　在水源地附近设进水口，增设提水装置，一般用水泵提水，每亩池塘水泵流量在 0.001 米³/秒以上；在池塘的另一端设排水口，以闸门控制排水为好，如果不行，可用水泵排水。

（3）防逃墙　如果净化塘中养殖河蟹、鳖等易发生逃逸的水产品种，则应该设置防逃墙，材料或设置方法同水产养殖常规方法。

（4）防浪堤　面积大于 4 公顷的池塘可以考虑设置防浪堤。防浪堤一般设置在水槽的下游 50 米以外，高出正常养殖水面 50 厘米以上，另一端留有足够宽的走水通道。防浪堤可以考虑栽种经济植物、观赏植物等，以提高利用价值。

（5）辅助推水设施　水槽下游净化塘的两个角和水槽与池埂的狭窄处可以考虑增设气提式推水机，也可以是水车增氧机，以促进净化塘池水流通，具体数量应根据池塘面积大小确定。

（6）草坪　对栽种水草的地块进行翻耕，根据栽种的水生植物不同留出合适的高度，以便于种植水草。

6. 电力控制系统

主要由变压器、发电机、控制柜等组成。

（1）变压器　变压器应尽可能靠近水槽机电系统，变压器的功率每条水槽不少于 2.5 千瓦，使用可调节变压器更好。

（2）发电机　每个系统均应配备发电机，发电机功率每条水槽不少于 2 千瓦。也可以使用自动发电机组，10 条水槽规模以下的系统也可以将柴油机等作为鼓风机的应急动力来源。

（3）控制柜　每个系统都要配备电力控制柜，如果停电，应能够在 20 分钟内启动应急电源，能够自动切换的更好。

7. 生产管理系统

主要由生产生活用房、常用设备、监视监测设备、微生物培养设施、操作场所等组成。

（1）生产生活用房　主要有仓储用房、机电用房、办公用房、居住用房、厨房、厕所等。每条水槽生产区域面积不少于 10 米²。

（2）常用设备　常用的有投饵机（每条水槽 1 台）、防撞网（每条水槽 1 套以上）、暂养网箱、运鱼网箱、管理用船、起重机、运输车、平板拖车、黑光灯（每条水槽 1 盏）、潜水泵、救生衣等。

（3）监视监测设备　主要有溶解氧监测仪、水质监测仪、水下视频监控设备、化验室、网络控制与传输设备、场地监控设备等。

（4）微生物培养设施　主要由微生物培养罐组成。

（5）操作场所　用混凝土浇筑，每条水槽操作场所面积不少于15 米^2。

第三章

池塘流水槽循环水养殖技术模式关键要素

第一节　养殖技术综述

一、养殖技术要点

1. 品种筛选问题

自 2013 年以来，以江苏、浙江、安徽等省为主的全国各主要生产试验点开展了草鱼、青鱼、加州鲈、鲫、梭鱼、乌鳢、鳜、黄颡鱼、罗非鱼、团头鲂、太阳鱼、斑点叉尾鮰、七星鲈等 10 多个品种的养殖试验，基本都获得了成功。生产单位在进行品种筛选时，主要考虑以下几个方面：

（1）苗种来源是否方便，是否适宜长途运输　目前，大部分生产单位的苗种来自外购，因此在安排生产计划时，必须充分考虑该苗种的来源是否方便，苗种质量是否可靠。同时，还必须考虑苗种生产单位到生产场地的运输距离和道路状况。原则上，只有苗种来源方便、质量可靠且运输距离短、道路状况好才是首选。部分特殊品种只有长距离运输才能采购到，但如果该苗种适宜长途运输且具备这样的条件时，也可以考虑。

（2）是否具有驯化培育大规格苗种的配套条件和技术经验　进入水槽养殖的苗种原则上应该是已经完全适应摄食颗粒饲料的规格。但考虑到苗种生产成本，部分生产单位在外购苗种时采购小规格的夏花或乌仔。此时，就必须进行短期的专门培育，如果必须要采购这样的苗种进行养殖生产，则生产单位应该具备适宜的生产条件且有专门的技术人员。

（3）苗种的规格与价格　由于进入水槽养殖的苗种原则上应该是

已经完全适应摄食颗粒饲料的规格，但从节约苗种生产成本的角度考虑，肯定是规格越小越好。因此，如果是可以直接进入水槽的苗种，原则上规格越小越好。这样，一方面可以节约生产成本；另一方面也可以大大提高苗种进入水槽后的成活率。

（4）苗种是否能够摄食膨化浮性颗粒饲料　进入水槽养殖的品种必须进行高密度养殖。为方便生产管理，节约养殖成本，养殖品种必须摄食膨化浮性颗粒饲料。

（5）苗种养成商品规格后的市场销售价格　成品销售价格的高低直接关系到养殖生产的经济效益，因此养殖品种在本区域或周边市场的接受度和市场销售价格也是必须考虑的重要因素。

2. 苗种运输及放养问题

（1）苗种运输　不同品种的苗种其运输时间及运输规格有较大的差异。从目前各地运输与放养苗种的成活率统计情况看，大部分品种的运输水温不宜超过 22℃，部分品种（如梭鱼、加州鲈、鳜、团头鲂、七星鲈等）的运输规格应控制在 100～200 尾/千克，即这些品种的苗种在驯化吃食成功后就应该运输，规格越小运输成活率越高。对于具备驯化培育大规格苗种条件和技术经验的单位，鼓励引进鱼苗、夏花或乌仔自行培育，既能减少苗种费用支出，又能大幅度提高苗种成活率。

（2）苗种放养

①放养前准备。在苗种放养前 1 周，应做好以下几项工作：一是应仔细检查养殖系统充气推水增氧设备是否完好并开机试运行，保证水槽内水体质量与整个系统一致；二是应对水槽水质与净化区水质进行常规指标检测，如果发现存在问题应及时调控解决；三是在充气推水端拦网前安装防撞网。

②苗种运输至塘口后，应及时进行放养。为减少苗种因操作等原因造成的损伤，鼓励设计制作简单的滑道等设施直接将苗种从运输车辆送入养殖水槽或苗种培育池塘。苗种在放养进入池塘或水槽前，用 3%～5% 的盐水进行消毒，时间为 10 分钟左右。

③苗种进入水槽后，应仔细观察充气推水增氧设备的运行情况，并根据入池鱼类品种与规格严格控制气流量，防止苗种产生应激反应撞击拦网而造成损伤。

（3）饲料投喂　进入水槽的苗种必须投喂膨化浮性颗粒饲料，饲

料应从大型正规饲料公司购买。

苗种进入水槽后,应及时投喂饲料。部分品种经过长途运输后,由于应激反应会暂时不进食,但仍应进行投喂驯化,尽量使苗种及时恢复进食,增强体质,减少苗种伤亡。

不同规格、不同品种的苗种投喂量与投喂次数也不尽相同。应根据苗种规格大小与水温确定投喂次数及投喂量,并根据苗种摄食情况与水温、天气变化及时调整投喂量。

(4) 水槽中水流调控管理 整个生产期间,原则上应将水槽下游的水体水流速度控制在3~8厘米/秒(有条件的单位可购置流速仪)。具体也可根据不同的养殖品种、规格、水温、水质与天气状况相应调整水流速度。一般情况下,水流速度与苗种规格、水温、投饲量呈正相关,与水体溶解氧水平呈负相关。

(5) 吸排污管理 池塘流水槽循环水养殖技术模式生产系统,通过在养殖水槽末端安装粪便、残饵回收系统,回收被拦截在水槽中的粪便、残饵,这是该生产方式的一大亮点。目前,大部分生产单位在建设该生产系统时,都同步配套建设了粪便、残饵回收系统,水槽数量较少、资金投入较小的生产单位,一般通过人工的方式控制;资金投入大、水槽数量多的生产单位,则都通过建设信息控制系统实现自动控制。吸排污管理主要是根据不同养殖品种、密度、规格和水温等实际生产情况调控吸排污时间和次数。原则上在投喂饲料后1~2小时内开启吸排污设备,每次吸排污时间视污水的水色而定,吸出的污水水色与池水水色相近即可停止。吸出的污水送入集污池进行集中处理后循环利用。

(6) 病害防控 病害防控是所有水产养殖生产必须严密监管和控制的生产环节。池塘流水槽循环水养殖技术模式生产系统,由于养殖水槽中的养殖鱼类始终处于良好的环境状态,虽然密度较高,但一般情况下基本不会发生病害。在整个生产期间,通常应在春末夏初气温回升较快和秋末冬初气温下降较快的病害高发季节适时进行预防,主要是通过对大塘净化区水质进行调控的方法进行预防。一是通过推水增氧系统,使大塘水体始终处于良性循环和高溶解氧状态;二是通过定期泼洒生石灰或含氯制剂药物和微生态制剂进行消毒和水质调控;三是一旦发现病症,应及时进行诊断,确定病因,关停推水增氧系统,开启底增氧，封闭水槽两端的拦鱼栅，对症精确下药进行治疗。

病害防控技术详见第四章。

（7）应急管理　池塘流水槽循环水养殖技术模式生产系统，在常规生产活动中，主要应急管理有以下几个方面。

①停电事故。目前，大部分生产单位的供电系统都相对正常，非突发事故一般不会发生停电事故，且大部分生产单位在系统建设时也都配备了发电设备，因此一旦突发停电情况，应及时切换启动应急发电设备。

②洪涝灾害。近年来，洪涝灾害事故时有发生，所以天气异常时，要密切关注天气变化趋势，加强值班管理，严防洪涝灾害造成突发停电和池塘堤埂损坏导致逃鱼的事件发生。

③雨雪冰冻天气。突发雨雪冰冻天气不仅会对相关设备造成损坏，也会造成池塘水体冰冻，进而引起鱼类缺氧死亡。

（8）监控管理　信息化、物联网技术的快速发展为水产养殖向智能化操控管理提供了强大的技术基础和设备支撑。目前，大部分规模以上生产企业都建设了信息化控制系统，主要是对养殖设备进行智能化管理和生产过程的监控。具体主要有以下几个方面。

①场地环境的监控。这个方面相对简单，只要安装视频监控设备就可以实现。

②生产过程的监控。主要是对生产过程中人员操作、环境状况的监控。具体主要有小型气象站、水质在线监测等。

③病害诊断系统。购买相关设备，安装后与全国病害诊断系统相连。

④质量管理系统。主要针对产品销售进行质量监控和管理。具备以上部分条件的养殖单位，可以通过智能管理系统进行溶解氧在线实时监测以及推水增氧设备、饲料投喂设备启停等操控管理。

（9）档案管理　档案管理是规模以上生产企业重要的管理内容。通过建立日常生产记录档案，特别是对苗种放养规格、时间与数量、饲料投喂数量、充气推水增氧设备开启情况与用电量、病害预防与治疗情况、大塘净化区生态环境调控情况、大塘净化区生态养殖品种搭配、水生植物种植与收获及每个批次产品销售收入、产品质量情况等进行详细记录与分析统计，认真总结经验教训，进一步提高生产与管

理水平。

二、养殖品种

1. 品种选择与放养

根据全国各地几年来的成功实践，目前各地主要的养殖品种有草鱼、乌鳢、梭鱼、鳜、黄颡鱼、加州鲈、黄金鲫、团头鲂、异育银鲫、斑点叉尾鮰等品种，部分地区还养殖花鲈、鲌、河鲀、鲟、赤眼鳟、罗非鱼、太阳鱼等。

从理论上来说，具有多条养殖水槽的生产单位，既可以在同一个池塘中的不同水槽放养不同的品种，也可以在同一个池塘中的不同水槽中放养相同品种的不同规格或不同品种的不同规格的鱼，这样就可以根据市场需求随时捕捞不同品种的商品成鱼；也可以根据市场需求随时捕捞不同规格的商品成鱼。这样的生产管理方式，主要是按照市场需求灵活掌握商品成鱼的销售时机，获得最大的生产经济效益。

目前，随着生产单位建设的水槽规模不断增加，不同品种养殖技术日渐成熟和完善，同一个池塘不同水槽中养殖不同品种或不同规格鱼种的现象比较普遍，但由于苗种来源、养殖技术水平、产品市场销售等方面的限制，大部分生产单位重点规模养殖几个主要品种，一般不再同时养殖多个品种。

2. 养殖品种放养量的计算

根据近年来的生产实践可知，不同品种的鱼类在水槽中的养殖产量有较大的差异。养殖产量最高的品种是草鱼，按水槽面积计算可以达到200千克/米²以上；可以达到100千克/米²的品种有黄颡鱼、加州鲈、黄金鲫、团头鲂、异育银鲫、斑点叉尾鮰等，其他品种大多可以达到50千克/米²以上。因此，每条水槽中鱼种的放养量主要根据每个生产系统养殖水槽面积占池塘总面积的比例来确定。一般情况，水槽中养殖鱼类的总产量平均到整个生产系统面积的产量为传统池塘养殖产量的2~3倍，如常规养殖池塘平均15 000千克/公顷左右，则水槽养殖的鱼类总产量平均到整个生产系统面积的产量应控制在30 000~45 000千克/公顷。因此，在安排全年生产计划时，既要考虑到每个养殖品种在水槽中可以实现的产量目标，又要考虑整个生产系统所有水槽中养殖鱼类产量分摊到大塘中的平均产量。比如，以一个生产系统总面积 100 亩、水槽养殖面积 2 000 米^2 的池塘流水槽循环水养殖技术模式生产系统养殖草鱼为例，如果最终成鱼产量按 100 千克/米^2 计算，每条养殖水槽养殖面积按 100 米^2 计算，共有 20 条养殖水槽，每条水槽可产鱼 10 000 千克，20 条水槽可产 200 000 千克，平均分摊到 100 亩的生产系统，则平均产量为 2 000 千克/亩，基本已达到常规养殖池塘的 2 倍。同理，如果想要达到整个生产系统平均 3 000 千克/亩的单产水平，则每条水槽的平均产量须达到 150 千克/米^2。按照草鱼上市规格 3.0 千克/尾养殖，如果放养平均规格 250 克/尾的 2 龄鱼种，以 95％的成活率计算，每条水槽 10 000 千克的产量需要放养 3 500 尾这样的鱼种。如果每条水槽的产量要达到 15 000 千克，则需要放养 5 260 尾鱼种。

平均产量 2 000 千克/亩，计算每条水槽的放养量的公式为：

$$\frac{10\ 000}{3} \div 95\% \approx 3\ 508\ 尾$$

平均产量 3 000 千克/亩，计算每条水槽的放养量的公式为：

$$\frac{15\ 000}{3} \div 95\% \approx 5\ 263\ 尾$$

同理，养殖品种为鲫时，产量按 100 千克/米^2，上市规格 0.5 千克/尾，成活率按照 95％计算，则每条水槽需要放养平均规格 50 克/尾的鲫鱼苗种约 21 052 尾。计算放养量的公式为：

$$\frac{10\ 000}{0.5} \div 95\% \approx 21\ 052\ 尾$$

其他品种放养量计算同上。公式可以表述为：

$$\frac{水槽产量}{起捕规格} \div 成活率 \approx 放养尾数$$

鱼种的放养规格、放养时间和上市规格直接决定了养殖周期的长短，大部分生产单位一般都不希望成品鱼在水槽中越冬，一是高密度的成品鱼由于冬季基本不摄食，同时还在不停地运动，越冬会造成大量损耗；二是可能因为缺氧造成大批量死亡。故放入水槽的养殖品种以在一个生产季节能够上市为佳。如果当年没有适宜规格的苗种放养，也可以放养当年的 1 龄鱼种，但养殖周期相对延长，养殖风险也相应增加。最好能够形成鱼苗、鱼种、成鱼、销售等全产业链的养殖模式。

三、饲料选择与投喂

1. 饲料种类

应选择有生产许可证的专业厂家生产的膨化浮性颗粒饲料。

2. 投喂量

日投喂量为在池鱼体重的 2％～4％；日投喂 2～4 次，每次投喂量以喂足 90％为好，主要是鱼在微流水中一直保持运动状态，消耗相对大些。

四、水质调节与监控

1. 水槽水质调节

水槽水质调节主要依靠大塘净化区的水质调节来实现。重点是要保障水槽内养殖鱼类能够始终处于富氧状态的水体中。具体为：一是保证充气推水增氧格栅处于良好的工作状态，并根据气温、养殖品种规格等情况调整充气量大小，使水槽内水体溶解氧的浓度始终保持在 5.0 毫克/升以上。二是在投喂饲料期间及时开启底部增氧设备。

2. 大塘净化区水质调节

大塘净化区水质调节是整个生产系统良性运行的关键。水质调节主要应做好以下几项工作。

（1）保证充足的溶解氧　根据天气状况及时开启大塘净化区内安装的充气推水增氧设备，使大塘内水体始终处于富氧状态（溶解氧量＞5.0 毫克/升），并使大塘水体处于微流的良性循环状态。大塘净化区内充气推水增氧设备开启时间、数量和设备运行时长，主要根据天气状况、养殖鱼类规格和大塘内水体溶解氧含量高低等情况决定。

（2）合理控制配套养殖种类　及时调整大塘净化区内配套的水生动物（主要是鲢、鳙、螺蛳、河蚌及虾蟹等）和水生植物的数量及种类，使残留在大塘内的粪便、残饵能够被充分吸收和利用，保持生产系统内营养物质的良性循环。

（3）及时使用微生态制剂等调节水质　根据水体中藻相状况定期或不定期泼洒光合细菌等微生态制剂调节水质，也可以定期或不定期泼洒生石灰或含氯制剂进行水质调控。

3. 水质监控

目前，国内已有多家公司生产水质在线监控装置和设备，规模以上生产企业应考虑购置安装，并实行定时监控，主要是水槽中的化学需氧量、pH、溶解氧、水温等常规水质指标。

可以采用 WSN 无线数据采集终端与溶解氧传感器、pH 传感器、水位传感器、氨氮传感器，主要完成对溶解氧、pH、水温、水位和氨氮数据的实时采集，实现在线数据处理与无线传输。

五、病害预防与治疗

1. 苗种放养时的处理

放养进入水槽的苗种原则上以 1 龄或 2 龄为主，规格越小成活率越高。苗种在进入水槽前，应用 3‰～5‰的盐水浸泡 10 分钟。

2. 病害预防

可以采取以下 4 种方法对鱼病进行预防。

（1）鱼体消毒 这是鱼种转塘或放养前预防外部感染的常用方法。常用的药物有高锰酸钾、食盐等。

（2）食场和工具消毒 每月用漂白粉消毒食场和工具 1 次。方法：250 克漂白粉溶化在 12.5 千克水中，泼洒在食场周围。发病鱼塘用过的工具，在使用前必须消毒。

（3）全池泼洒药物 该法是一种更为有效的防病方法。可杀灭有害的病原体、水生昆虫，治疗一些皮肤病。在鱼病流行季节，可以不定期对大塘净化区使用生石灰或含氯制剂进行全池泼洒，达到预防鱼病的效果。

（4）投喂药饵 在鱼病流行季节，某些疾病需要投进药饵进行预防，如用大蒜拌饲料或食盐水浸泡饲料投喂，可预防传染性疾病。

3. 常见病治疗

水产养殖常见病主要有病毒病、细菌病、真菌病和寄生虫病等 4 大类。常见病防控技术见第四章。

六、尾水收集与处理

尾水收集与处理是流水槽循环水养殖技术模式的重要组成部分，也是整个生产系统对传统养殖方式的重大变革，对于减少养殖生产对周边环境的影响、改善生态环境具有重要的促进作用，是整个生产系统的一大亮点。

1. 尾水收集

尾水收集系统结构、设计与建设详见第二章第三节。

尾水收集系统管理主要应做好以下几项工作。

（1）定时或不定时开启吸污设备　目前，大部分规模养殖企业通过建设信息化系统以智能控制和人工控制相结合的方式进行操作管理。水槽数量少的生产企业则主要是进行人工控制操作。定时或不定时开启吸污设备，开启时间、频率、时长则根据天气状况、养殖品种规格确定。原则上在每次投喂饲料后的 1～2 小时开启吸污设备，吸污时长可根据吸出污水的水色确定，当尾水水色基本与池塘水色一致时就可以关停设备。

（2）定期清理沉淀池固体废弃物　在三级沉淀池系统，定期对沉淀的固体废弃物进行清理。可以直接用吸污泵吸，也可以采用过滤干燥方法将沉淀的固体物质制成有机肥料。对收集的固体废弃物，有条件的单位应该进行具体的统计分析，可以初步估算废弃物的回收比例。

2. 尾水处理

目前，尾水收集后的处理方法分为循环利用和直接排放两种。

（1）循环利用　大部分养殖企业基本采用此方法。循环利用的优点：一是大量节约水资源；二是病害高峰期切断与外界病源的联系，减少病害的发生概率。

要实现循环利用，就必须对收集的尾水进行处理。目前，常见的处理方式有以下几种。

①生态沟渠处理法。在尾水收集三级沉淀池后建设生态沟渠，生态沟渠长 100～200 米，宽 0.6～0.8 米，深 0.5 米左右，通常建在池埂上，也可以另外建设。在生态沟渠可以种植水生植物，也可以种植水生蔬菜、花卉、药材等多个品种，尾水经生态沟渠处理后回流到养殖池塘循环利用。

②异位池处理法。在紧邻流水槽循环水养殖技术模式生产系统池塘边建设净化处理池，收集的尾水不经过三级沉淀池直接进入异位池进行处理。目前，异位池处理法主要有"三池两坝"、稻田、蟹池及生态湿地等方法。

③沉淀池过滤法。沉淀池过滤法是比较简单的处理方法，一般是因为场所限制无法建设生态沟渠时采用。沉淀池过滤法通常采用建设三级沉淀池的方法，沉淀池大小和深度根据尾水收集量确定，原则上3个沉淀池的容量与一次吸污量基本相等即可。

（2）直接排放　尾水直接排放必须符合排放标准。根据农业农村部等10部委联合发布的《关于加快水产养殖业绿色发展的若干意见》，到2022年，水产养殖主产区要实现养殖尾水达标排放。流水槽循环水养殖技术模式生产系统作为一项先进的养殖技术模式，必须实现达标排放。直接排放一般须采用异位池处理达标后才能排放。异位池处理常用的方法主要有以下几种。

①复合人工湿地尾水处理模式（园区治理模式）。在池塘养殖集中连片区域，采用生态沟渠、沉淀、表流湿地、潜流湿地等多种类型的人工湿地组合来处理水产养殖尾水。广州、苏州等地的部分养殖企业改造采用了这种模式，按园区整体规划，净化工程与养殖工程同步考虑，通过升级改造，推进三产融合、循环发展。这种模式适合集中连片池塘养殖区域和经济较发达地区的尾水治理。

②"三池两坝"（稳定塘＋过滤坝）尾水治理模式。浙江德清推广的"三池两坝"为典型模式。该模式通过对进排水体系、养殖池塘进行整体规划，运用沉淀、过滤、微生物分解、动物净化（鲢、鳙、河蚌）、植物转化（挺水植物、沉水植物、水生蔬菜）、曝气等技术处理池塘养殖尾水，构建"沉淀池＋过滤坝＋曝气池＋过滤坝＋生物净化池"系统，或"河道/排水生态沟渠－初沉Ⅰ区－溢流坝－硝化/反硝化Ⅱ区－过滤坝－曝气复氧Ⅲ区"系统，养殖用水处理后达标排出或回到养殖池塘。可配套建设在线监测、自动控制设备以提高自动化程度。该模式需占用5%～15%（因养殖种类、模式而异）的土地，平均10%左右，是今后小流域和（或）集中连片池塘尾水治理的主要模式。

③多营养层级立体生态养殖模式。目前，该模式主要在沿海地区海水池塘养殖中使用。该模式对进水系统、排水系统、养殖系统合理分设重构，同时考虑疫病防控的需要，进水经沉淀、砂滤、消毒后进入养殖系统，养殖实行鱼、虾、蟹、贝混养，由贝类充当清道夫，有的还套养海蜇等滤食性浮游生物；排水经沉淀、生物净化、消毒后达标排放。生物净化，北方地区多用藻类＋贝类净化；华南沿海还可以

用红树林净化。

④宁夏"稻渔空间"模式（"池塘循环流水槽＋大田种植"尾水处理模式）。该模式属于池塘流水槽循环水与稻渔共作的技术集成耦合体，主要特点是用稻田、藕塘代替池塘进行水处理，鱼粪和残饵直接进入稻田或藕塘作肥料，鱼仍养在流水槽中，基本不占用耕地。该模式是典型的渔农综合循环利用模式，综合效益较好，在水稻产区有推广价值。

⑤其他模式。包括集装箱养鱼＋池塘水处理模式（广东）、"零排放"圈养模式（湖北）、塘泥种草养鱼模式、植物滤床处理技术模式等。各地因地制宜地开发了很多池塘尾水处理技术，这些技术均可在未来改造中适当应用。

（3）排污口设置、监测与排放　在养殖基地建设时根据整体环境、水源和塘口分布等科学合理地设计好排污口的位置、进排水渠的布局、进排水涵洞的位置，可以提高进排水效率、节约建设和生产运行成本。要积极与当地环保、水利部门沟通，并主动设置排水口标识，有条件的生产企业应安装水质在线监测系统并进行有效管理。对尾水排放要明确专人负责，认真登记备案，并按规定严格执行尾水达标排放。

七、生产安全与环保管理

1. 生产安全管理

主要是做好人员安全、生产安全、产品质量安全。首先，在思想上高度重视，把人民群众的生命财产安全放在最重要的位置来考虑。主要是加强员工安全教育，让其在思想上重视。其次，抓好落实，制订安全生产实施方案和应急方案，落实安全生产措施和相关责任人员，在重点生产部位安装防护栏，并配备必要的救生用品，如救生圈、救生衣等物品，保证全面贯彻落实安全理念和措施。再次，抓好环境、投入品等的检测、检查，分时段、分环节进行抽样检测，针对相关指标进行评判，在各个环节保证安全生产措施执行到位，确保人员安全、生产安全、产品质量安全。

2. 环保管理

粪便、残饵收集和处理是流水槽循环水养殖的一大亮点，具体要求参见第二章第三节内容。

第二节 主要养殖品种养殖技术

一、水槽养殖加州鲈技术

加州鲈主要栖息于混浊度低且有水生植物分布的水域中，如湖泊、水库的浅水区（水深1～3米）、沼泽地带的小溪、河流的滞水区、池塘等。常藏身于水下岩石或树枝丛中，有占地习性，活动范围较小。在池塘养殖中，喜欢栖身于沙质或沙泥质不混浊的静水环境中，活动于中下水层。性情较温驯，不喜跳跃，易受惊吓。加州鲈的适温范围广，在水温1～36.4℃时都能生存，10℃以上开始摄食，最适生长温度为20～30℃。水质要求溶解氧在1.5毫克/升以上，比花鲈、鳜耐低氧能力强。幼鱼爱集群活动，成鱼分散活动。加州鲈原产地环境为纯淡水，但经试养证明，在盐度10以下，pH为6～8.5的水体中其均能适应。

加州鲈"优鲈1号"、加州鲈"优鲈3号"、加州鲈"皖鲈1号"等具有生长速度快、可全程投喂膨化颗粒饲料、可高密度养殖、市场价格相对较高的优点，目前已在全国多地推广养殖。

1. 苗种选择与放养

选择加州鲈优质苗种。目前，广东省，江苏省苏州市、南京市、盐城市，浙江省湖州市，安徽省铜陵市等地均有加州鲈优质苗种供应。现将购买苗种与放养时的注意事项介绍如下。

（1）苗种应当是经过人工驯化后可以摄食颗粒饲料的苗种（最好是在室内育苗池或室外池塘中进行人工驯化开口摄食的苗种）。

（2）苗种规格控制在200～300尾/千克，运输时间不宜超过10小时，运输前经过拉网锻炼，水温控制在22℃左右，与养殖水槽的温差控制在2℃以内。

（3）苗种在装卸时应带水操作，尽量减少人为损伤。

（4）苗种进入养殖基地后，最好不要立即放入水槽，可放入事前准备好的池塘或者网箱中暂养10～15天再转移至水槽，进入水槽后立刻使用福尔马林、硫醚沙星或高锰酸钾等进行消毒。

（5）苗种入水槽后不要马上开充气推水设备，先用底增氧设备充气增氧，并严格控制气量。

（6）苗种建议一次性放足，放养量控制在180～220尾/米^3。

2. 养殖管理

（1）饲料投喂　加州鲈为凶猛性抢食鱼类，由于在水槽内密度较大，投喂饲料时应适当分散进行。

（2）投喂次数和投喂量　根据水温和天气状况决定，正常情况下加州鲈在水温8℃以上就可以吃食，水温20℃以下每天投饵1次，日投饵量为鱼体重的0.5%～1.5%；水温20℃以上，上、下午各投1次，水温为22～26℃时，吃食量最大，日投饵量为鱼体重的2.5%～3.5%。

（3）饲料要求　加州鲈对饲料要求较高，应选择专用的膨化颗粒饲料，饲料粗蛋白质含量应为40%～45%。

加州鲈喜静水、怕惊扰，养殖期间应适当控制充气推水设备的水流。同时，不能产生较大的惊扰。由于当年不能上市，冬季应适当加大水槽水位，最好能达到1.8米以上，以防止水温过低发生冻伤。定期开启底部增氧和前端的推水增氧设备，以防止加州鲈高密度聚集造成缺氧。

池塘净化区可以通过种植水生蔬菜、水草等（种草面积应占到整个净化区面积的30%左右），并投放一定数量的鲢、鳙、螺蛳、河蚌等对没有被回收系统收集的粪便、残饵进行消化吸收和利用。因此，该区域不可再投放较多的吃食性鱼类，也不投喂饲料，但是为了提高效益，可以投放适量的虾、蟹、鳖等经济品种，具体种类和放养量各地应根据当地具体情况确定。

二、水槽养殖黄颡鱼技术

黄颡鱼是以食肉为主的杂食性鱼类。觅食活动一般在夜间进行，食物包括小鱼、虾、各种陆生和水生昆虫（特别是摇蚊幼虫）、小型软体动物以及其他水生无脊椎动物。其食性随环境和季节变化而有所差异，在春夏季节常吞食其他鱼的卵。到了寒冷季节，黄颡鱼食物中小鱼较多，而底栖动物渐渐减少。规格不同的黄颡鱼食性有所不同，体长2～4厘米的个体，主要摄食桡足类和枝角类；体长5～8厘米的个体，主要摄食浮游动物以及水生昆虫；超过8厘米以上的个体，摄食蚯蚓和小型鱼类等。

黄颡鱼对环境的适应能力较强，在静水或江河缓流中也能底栖生活。白天栖息于湖水底层，夜间则游到水上层觅食，所以在不良环境条件下也能生活。幼鱼多在江湖的沿岸觅食。

该鱼属温水性鱼类。生存温度 0～38℃，最佳生长温度 25～28℃。耐受 pH 为 6.0～9.0，最适 pH 为 7.0～8.4。耐低氧能力一般，水中溶解氧在 3 毫克/升以上时生长正常，低于 2 毫克/升时出现浮头，低于 1 毫克/升时会窒息死亡。

黄颡鱼"全雄 1 号"、黄颡鱼"杂交 1 号"具有生长速度快、可全程投喂膨化颗粒饲料、可高密度养殖、市场价格相对较高的优点，目前江苏、安徽、浙江等省已有较多水槽养殖成功的案例。

1. 苗种选择与放养

黄颡鱼"全雄 1 号"、黄颡鱼"杂交 1 号"苗种在江苏、浙江、广东、湖北、四川等地均有批量供应。

购买苗种与放养时应注意以下事项。

(1) 苗种应当是经过人工驯化后可以摄食颗粒饲料的苗种。

(2) 苗种规格控制在 300～400 尾/千克，运输时间不超过 10 小时，运输前经过拉网锻炼，水温控制在 22～25℃（运输时水温过低或者过高均会给黄颡鱼造成较大损害，并会引起后续病害和较多死亡），与养殖水槽的温差应控制在 2℃以内。

(3) 苗种在装卸载时应带水操作，尽量减少人为损伤。

(4) 苗种进入养殖基地后最好不要立即放入水槽，可放入准备好的池塘或者网箱中暂养 15～20 天再转移至水槽，进入水槽后立即使用福尔马林、硫醚沙星或高锰酸钾等进行消毒。

(5) 苗种入水槽后不要马上开启充气推水设备，可先用底增氧设备进行充气增氧，并严格控制气量。

(6) 苗种建议一次性放足，放养量控制在 500～600 尾/米^3。

2. 养殖管理

(1) 饲料投喂　黄颡鱼为抢食性鱼类，由于在水槽内密度较大，投喂饲料时应适当分散进行。

(2) 投喂次数和投喂量　根据水温和天气状况决定。初春当水温为 15℃时，日投喂量占鱼体重的 2%～3%；在生长适温范围内（春末至初秋），水温 20～28℃时，黄颡鱼的摄食量明显增加，日投喂量占鱼体重的 4%左右；水温高于 30℃时或低于 10℃时，黄颡鱼较少摄食。饲料粒径根据鱼体的大小进行调整。天晴多投，阴雨天少投，水温

15～19℃时，每天投喂1次；水温20～28℃时，每天投喂2次，发现剩余饲料时应减少投饲量。

（3）对饲料的要求 黄颡鱼对饲料的要求较高，应选择专用的膨化颗粒饲料，饲料粗蛋白质含量应保持在38%～45%。

黄颡鱼喜静水，怕惊扰，养殖期间充气推水设备的水流应进行适当控制，不能产生较大的惊扰。如果当年不能上市，至冬季应适当加大水槽水位，最好能达到1.8米以上，以防止水温过低产生冻伤。定期开启底部增氧和前端的充气推水增氧设备，防止黄颡鱼高密度聚集造成缺氧。

三、水槽养殖团头鲂技术

团头鲂又名武昌鱼，隶属于鲂属、鲤科，主要分布于长江中下游的中型湖泊，比较适合于在静水中生活。平时栖息于底质为淤泥、生长有沉水植物的敞水区的中下层。幼鱼主要以枝角类和甲壳动物为食；成鱼摄食水生植物，以苦草和轮叶黑藻为主，还摄食少量浮游动物，因此食性范围较广。一般从4月开始摄食，一直延续到11月，以6—10月摄食量最大。

团头鲂"浦江1号"具有生长快、可全程投喂膨化颗粒饲料、可高密度养殖、市场价格相对较高的优点，目前全国已有部分单位水槽养殖成功的案例。

水槽养殖团头鲂可以分为培育鱼种和养殖成鱼两种模式。

1. 培育鱼种模式

（1）苗种选择与放养 团头鲂"浦江1号"苗种在江苏省常州市、上海市松江区等均有批量供应。

购买苗种与放养时应注意：苗种应当是经过人工驯化后可以摄食颗粒饲料的苗种；苗种规格为300～400尾/千克的夏花鱼种，运输时间不超过5小时，运输前经过拉网锻炼，水温尽量控制在25℃左右，与养殖水槽的温差控制在2℃以内；苗种在装运卸载时应带水操作，尽量减少人为损伤；苗种入水槽后立刻使用福尔马林、硫醚沙星或高锰酸钾等进行消毒；苗种入水槽后不要马上开充气推水设备，先用底增氧设备进行充气增氧，并严格控制气量；苗种建议一次性放足，放养量控制在400～500尾/米^3。

（2）养殖管理　团头鲂为抢食性鱼类，由于在水槽内密度较大，饲料投喂时应适当分散进行；投喂次数和投喂量根据水温和天气状况决定。在生长适温范围内（春末至初秋），水温 20～28℃时，团头鲂的摄食旺盛，日投喂量占鱼体体重的 4%～5%；水温高于 30℃时或低于 10℃时，团头鲂很少摄食。饲料粒径根据鱼体的大小进行调整。天晴多投，阴雨天少投，水温 15～19℃时，每天投喂 1 次；水温 20～28℃时，每天投喂 2～3 次，发现剩余饲料时应减少投饲量。

团头鲂喜静水和微流水，怕惊扰，养殖期间应适当控制充气推水设备的水流，不能产生较大的惊扰。当年夏花鱼种至 11 月底可以达到 50～100 克/尾，成活率可以达到 90%左右。进入冬季后，应适当加大水槽水位，最好能达到 1.8 米以上，以防止团头鲂水温过低发生冻伤。定期开启底部增氧和前端的推水增氧设备，以防止团头鲂高密度聚集造成缺氧。

2. 养殖成鱼模式

（1）苗种选择与放养　购买苗种与放养时应注意：苗种应当是经过人工驯化后可以摄食颗粒饲料的 1 龄鱼种；可以是池塘专门培育的，也可以是在水槽内养殖的，规格控制在 50～100 克/尾，大小尽量一致；运输时间不超过 5 小时，运输前经过拉网锻炼，水温控制在 10～15℃，与养殖水槽的温差控制在 2℃以内；苗种在装运卸载时应带水操作，尽量减少人为损伤；苗种入水槽后立刻使用福尔马林、硫醚沙星或高锰酸钾等进行消毒；苗种入水槽后不要马上开充气推水设备，先用底增氧设备进行充气增氧，并严格控制气量；建议一次性放足苗种，放养量控制在 150～200 尾/米^3。

（2）养殖管理　饲料投喂同培育鱼种模式。

团头鲂 1 龄鱼种生长速度较快，50～100 克/尾规格的鱼种至当年 11 月可以达到 500～750 克/尾，可以根据市场需求及时销售。

四、水槽养殖异育银鲫技术

异育银鲫是中国科学院水生生物研究所的鱼类育种专家于 1976—1981 年研制成功的一种鲫新品系，它是以天然雌核发育的方正银鲫为母本，以兴国红鲤为父本，经人工授精繁育的子代。从广义上讲，在生产上凡是银鲫卵子与异源精子人工授精所产的雌核发育后代，均称为异育银鲫。不过在生产异育银鲫时，父本的选择应予以重视，因为父本不同会影响子代的质量，从而影响养鱼的产量效益。该鱼具有良好的杂种优势，增产效果明显，且肉质细嫩、营养丰富，离水存活时间长，可在低温、无水条件下中短途运输活鱼。

异育银鲫对食物没有偏爱，只要适口，各种食物均可利用。硅藻、轮虫、枝角类、桡足类、水生昆虫、蝇蛆、大麦、小麦、豆饼、玉米、米糠，以及植物碎屑等都是它喜爱的饲料。在人工饲养条件下也喜食各种商品饲料。

异育银鲫"中科 3 号"和"中科 5 号"具有生长快、可全程投喂膨化颗粒饲料、可高密度养殖、市场价格相对较高的优点。目前，全国已有较多水槽养殖成功的案例。

水槽养殖异育银鲫可以分为培育鱼种和养殖成鱼两种模式。

1. 培育鱼种模式

（1）苗种选择与放养　异育银鲫"中科 3 号""中科 5 号"苗种在湖北省及江苏省扬州市、淮安市、盐城市等均有批量供应。

购买苗种与放养时应注意：选择经过人工驯化后可以摄食颗粒饲料的苗种；苗种规格控制在 300~400 尾/千克的夏花鱼种，运输时间不超过 5 小时，运输前经过拉网锻炼，水温尽量控制在 25℃左右，与养殖水槽的温差控制在 2℃以内；苗种在装卸时应带水操作，尽量减少人为损伤；苗种入水槽后立刻使用福尔马林、硫醚沙星或高锰酸钾等进行消毒；苗种入水槽后不要马上开充气推水设备，先用底增氧设备充气增氧，并严格控制气量；苗种建议一次性放足，放养量控制在 450~500 尾/米^3。

（2）养殖管理　异育银鲫"中科 3 号"为抢食性鱼类，由于在水槽内密度较大，投喂饲料时应适当分散进行；投喂次数和投喂量根据水温和天气状况决定。在生长适温范围内（春末至初秋），水温 20~28℃时，异育银鲫"中科 3 号"摄食旺盛，日投喂量占鱼体重的 4%~5%；水温高于 32℃或低于 8℃时，异育银鲫"中科 3 号"较少摄食。饲料粒径根据鱼体的大小进行调整。天晴多投，阴雨天少投，水温 15~19℃时，每天投喂 1 次；水温 20~28℃时，每天投喂 2~3 次，发现剩余饲料应减少投饲量。

异育银鲫"中科 3 号"喜微流水，怕惊扰，应适当控制养殖期间充气推水设备的水流，不能产生较大的惊扰。当年夏花鱼种至 11 月底可以达到 50～100 克/尾，成活率可以达到 90% 左右。进入冬季后，应适当加大水槽水位，最好能达到 1.8 米以上，以防止水温过低发生冻伤。

2. 养殖成鱼模式

（1）苗种选择与放养　购买苗种与放养时应注意：苗种应当是经过人工驯化后可以摄食颗粒饲料的 1 龄鱼种；可以是池塘专门培育的，也可以是在水槽内养殖的，规格控制在 50～100 克/尾，大小尽量一致；运输时间不超过 5 小时，运输前经过拉网锻炼，水温控制在 10～15℃，与养殖水槽的温差控制在 2℃以内；苗种在装卸时应带水操作，尽量减少人为损伤；苗种入水槽后立刻使用福尔马林、硫醚沙星或高锰酸钾等消毒；苗种入水槽后不要马上开充气推水设备，先用底增氧设备充气增氧，并严格控制气量；苗种建议一次性放足，放养量控制在 150～200 尾/米^3。

（2）养殖管理　饵料投喂同培育鱼种模式。异育银鲫"中科 3 号"1 龄鱼种生长速度较快，50～100 克/尾规格的鱼种至当年 11 月可以达到 400～650 克/尾，可以根据市场需求及时销售。

五、水槽养殖草鱼技术

草鱼俗称鲩、油鲩、草鲩、白鲩、草根（东北）、厚子鱼（鲁南）、海鲩（南方）、混子、黑青鱼等。栖息于平原地区的江河湖泊，一般喜居于水的中下层和近岸多水草区域。性活泼，游泳迅速，常成群觅食。为典型的草食性鱼类。草鱼幼鱼期摄食藻类等，也摄食蚯蚓、蜻蜓等。在干流或湖泊的深水处越冬。生殖季节亲鱼有溯游习性。其生长迅速、饲料来源广，是中国淡水养殖的四大家鱼之一。

草鱼具有生长速度快、可全程投喂膨化颗粒饲料、可高密度养殖、市场销售量较大的优点，目前是全国各地养殖最成功的品种之一。

水槽养殖草鱼可以分为培育鱼种和养殖成鱼两种模式。

1. 培育鱼种模式

（1）苗种选择与放养　优质草鱼苗种在湖北省、湖南省、浙江省、安徽省及江苏省扬州市、苏州市等地均有批量供应。

购买苗种与放养时应注意：选择经过人工驯化后可以摄食颗粒饲料的苗种；苗种规格控制在 300～400 尾/千克，运输时间不超过 5 小时，运输前经过拉网锻炼，水温尽量控制在 25℃左右，与养殖水槽的

温差控制在 2℃以内；苗种在装卸时应带水操作，尽量减少人为损伤；苗种入水槽后立刻使用福尔马林、硫醚沙星或高锰酸钾等消毒；苗种入水槽后不要马上开充气推水设备，先用底增氧设备充气增氧，并严格控制气量；苗种建议一次性放足，放养量控制在 400～500 尾/米³。

（2）养殖管理　草鱼为抢食性鱼类，由于在水槽内密度较大，投喂饲料时应适当分散进行；投喂次数和投喂量根据水温和天气状况决定。在生长适温范围内（春末至初秋），水温 20～28℃时，草鱼摄食旺盛，日投喂量占鱼体重的 4%～5%；水温高于 32℃或低于 8℃时，草鱼较少摄食。饲料粒径根据鱼体的大小进行调整。天晴多投，阴雨天少投，水温 15～19℃时，每天投喂 1 次；水温 20～28℃时，每天投喂 2～3 次，发现剩余饲料应减少投饲量。

草鱼喜微流水，怕惊扰，养殖期间应适当控制充气推水设备的水流，不能产生较大惊扰。当年夏花鱼种至 11 月底可以达到 300～500 克/尾，成活率可以达到 90%左右。进入冬季后，应适当加深池塘水位，最好能使水槽内水位达到 1.8 米以上，同时降低推水流量，以防止因草鱼停食消耗过多体能和水位浅水温过低而发生冻伤。

2. 养殖成鱼模式

（1）苗种选择与放养　购买苗种与放养时应注意：苗种应当是经过人工驯化后可以摄食颗粒饲料的 1 龄鱼种；可以是池塘专门培育的，也可以是在水槽内养殖的，规格控制在 300～500 克/尾，大小尽量一致；运输时间不超过 5 小时，运输前经过拉网锻炼，水温控制在 10～15℃，与养殖水槽的温差控制在 2℃以内；苗种在装卸时应带水操作，尽量减少人为损伤；苗种入水槽后立即用福尔马林、硫醚沙星或高锰酸钾等消毒；苗种入水槽后不要马上开推水设备，先用底增氧设备充气增氧，并严格控制气量；苗种建议一次性放足，放养量控制在 60～80 尾/米³。

（2）养殖管理　饲料投喂同培育鱼种模式。

草鱼 1 龄鱼种生长速度较快，300～500 克/尾规格的鱼种至当年 11 月可以达到 2 500～3 000 克/尾，可以根据市场需求及时销售。

六、水槽养殖斑点叉尾鲴技术

斑点叉尾鲴原产于北美洲大陆，从加拿大南部到墨西哥北部都有分布。为温水性鱼类，栖息于河流、水库、溪流、沼泽和牛轭湖等水域底层。幼鱼阶段活动较弱，喜集群在池水边缘摄食、活动。随着鱼体长大，其游泳能力也相应增强，逐渐转向水体中下层活动。冬天主要在水体底层活动，而且活动能力明显减弱。主要以底栖动物、小鱼、虾、水生昆虫、有机碎屑等为食。

斑点叉尾鮰自 20 世纪 80 年代商业化引进后，在湖北、四川等地区首先养殖，90 年代后期，江苏省等又通过国家引种项目从美国引进原种苗种，并在泰兴市水产养殖场建立了斑点叉尾鮰国家级良种场。2007 年后，美国禁止中国从当地引种。2009 年，全国水产技术推广总站联合有关单位开展斑点叉尾鮰联合育种工作，国内斑点叉尾鮰遗传育种工作取得了快速进展。2013 年，由江苏省淡水水产研究所、全国水产技术推广总站和中国水产科学研究院黄海水产研究所三家单位联合攻关，结合家系育种和 BLUP 育种技术共同培育的斑点叉尾鮰新品种"江丰 1 号"通过国家审定（品种登记号：GS-02-003-2013）。"江丰 1 号"新品种养殖过程中发病率低、生长速度快。

斑点叉尾鮰"江丰 1 号"具有生长速度快、可全程投喂膨化颗粒饲料、可高密度养殖、发病率低、市场价格较高、易加工等优点，目前也是全国各地水槽养殖最成功的案例。

水槽养殖斑点叉尾鮰可以分为培育鱼种和养殖成鱼两种模式。

1. 培育鱼种模式

（1）苗种选择与放养　斑点叉尾鮰"江丰 1 号"苗种在湖北省及四川省等多地均有批量供应。

购买苗种与放养时应注意：苗种应当是经过人工驯化后可以摄食颗粒饲料的苗种；有条件的单位可以引进水花专池进行苗种"标粗"强化培育；苗种为 500～600 尾/千克的夏花鱼种，运输时间不超过 10 小时，运输前经过拉网锻炼，水温尽量控制在 25℃左右，与养殖水槽的温差控制在 2℃以内；苗种在装卸时应带水操作，尽量减少人为损伤；苗种入水槽后立即用福尔马林、硫醚沙星或高锰酸钾等消毒；苗种入水槽后不要马上开充气推水设备，先用底增氧设备充气增氧，并严格控制气量；苗种建议一次性放足，放养量控制在 500～600 尾/米^3。

（2）养殖管理　斑点叉尾鮰为抢食性鱼类，由于在水槽内密度较大，饲料投喂时应适当分散进行；投喂次数和投喂量根据水温和天气状况决定。在生长适温范围内（春末至初秋），水温 20～28℃时，斑点叉尾鮰的摄食旺盛，日投喂量占鱼体重的 4%～5%；水温高于 32℃或低于 8℃时，斑点叉尾鮰较少摄食。饲料粒径根据鱼体的大小进行调整。天晴多投，阴雨天少投，水温 15～19℃时，每天投喂 1 次；水温 20～28℃时，每天投喂 2～3 次，发现剩余饲料时应减少投饲量。

斑点叉尾鮰喜静水和微流水，怕惊扰，养殖期间充气推水设备的水流应适当控制，不能产生较大的惊扰。当年夏花鱼种至 11 月底可以达到 150～200 克/尾，成活率可以达到 95%左右。进入冬季后，应适当加深池塘水位，最好能使水槽内水位达到 1.8 米以上，同时降低推水流量，防止因斑点叉尾鮰停食消耗过多体能和水位浅水温过低而发生冻伤。

2. 养殖成鱼模式

（1）苗种选择与放养　购买苗种与放养时应注意：苗种应当是经过人工驯化后可以摄食颗粒饲料的 1 龄鱼种；可以是池塘专门培育的，也可以是在水槽内养殖的，规格控制在 50～200 克/尾，大小尽量一致；运输时间不超过 10 小时，运输前经过拉网锻炼，水温控制在 15～22℃，即当年已经开食 10 天或者尚未停食可继续喂食 15 天以上，原则上不要让刚购买的鱼种在水槽中越冬。与养殖水槽的温差控制在 2℃以内；苗种在装卸时应带水操作，尽量减少人为损伤；苗种入水槽后立即用福尔马林、硫醚沙星或高锰酸钾等进行消毒；苗种入水槽后不要马上开推水设备，先用底增氧设备充气增氧，并严格控制气量；苗种建议一次性放足，放养量控制在 150～200 尾/米^3。

（2）养殖管理　饲料投喂同培育鱼种模式。

斑点叉尾鮰 1 龄鱼种生长较快，50～200 克/尾规格的鱼种至当年 11 月可以达到 500～1 000 克/尾，可以根据市场需求及时销售。

第四章

池塘流水槽循环水养殖常见病害防控技术

第一节 病毒性疾病

一、鲤春病毒血症

1. 病原

病原为鲤春病毒血症病毒（Spring viremia of carp virus，SVCV），属于弹状病毒科（*Rhabdovirdae*）、水疱性口炎病毒属（*Vesiculovirus*）。鲤春病毒血症是一种以出血为临床症状的急性传染病，其病毒是一种单链 RNA 病毒，病毒颗粒呈棒状或子弹状，外面有一层紧密包裹着的囊膜。大小为（90～180）纳米×（60～90）纳米；浮力密度为 1.195～1.20 克/毫升（氯化铯），沉降系数为 38～40 秒（5%～25%蔗糖液）。病毒的抵抗力不强，对乙醚、酸和热敏感，pH 3 时，30 分钟侵染率仅 1%；pH 7～10 时稳定，侵染率为 100%；pH 11 时侵染率 50%～70%。对热敏感，加热 15 分钟，45℃时侵染率仅 1%，60℃时为 0。牛血清对病毒的侵染力具保护作用，保存在含 2%牛血清培养液中的病毒，在 4 次冷冻和解冻过程中侵染率仅损失 10%，缺乏牛血清时则损失 95%；用冷冻干燥法可长时间保存病毒。在胖头鲹肌肉细胞株（FHM）上增殖的温度为 15～30℃，适宜温度为 20～22℃；保存在−70℃的鲤组织内，或在含 10%胎牛血清培养液中，其感染力至少可维持 20 个月，而在−20～−5℃时感染力低下。病毒能在鲤性腺细胞株、棕鮰细胞株（BB）、蓝鳃太阳鱼细胞株（BF-2）、鲤上皮瘤细胞株（EPC）、FHM 等鱼类细胞株上增殖，并出现细胞病变（CPE）。其中，在 FHM 和 EPC 细胞上增殖最好，BB 细胞上最差。在 20℃培养 3 天，空斑直径达 2～3 毫米，但轮廓不清晰。

2. 症状和病理变化

病鱼呼吸缓慢，沉入池底或失去平衡侧游；体色发黑，常有出血斑点，腹部膨大，眼球突出和出血，肛门红肿，贫血，鳃颜色变淡并有出血点；腹腔内积有浆液性或带血的腹水，肠壁严重发炎，其他内脏上也有出血斑点，其中以鳔壁最常见；肌肉也因出血而呈红色；肝、脾、肾肿大，颜色变淡，造血组织坏死，心肌炎，心包炎，肝细胞局灶性坏死。血红蛋白量减少，中性粒细胞及单核细胞增加，血浆中糖原及钙离子浓度降低。

3. 流行情况

该病在欧洲广为流行，死亡率可高达 80%～90%，主要危害 1 龄以上的鲤，鱼苗、鱼种很少感染，只流行于春季（水温 13～20℃），水温超过 22℃时就不再发病，所以称为鲤春病毒血症（相当于过去认为的急性传染性腹水病）。病鱼、死鱼及带病毒鱼是传染源，可通过水传播；病毒侵入鱼体可能是通过鳃丝和肠道，鲺和蛭也有可能是其传播媒介。人工感染还可使狗鱼、草鱼、虹鳟等发病。人工感染的潜伏期随水温、感染途径、病毒感染量不同而不同（1～60 天）；在 15～20℃时潜伏期为 7～15 天。是否流行取决于鱼群的免疫力，血清抗体价在 1∶10 以上者都不感染，发病后存活下来的鱼就很难再被感染。

4. 诊断方法

（1）根据流行情况及症状进行初步诊断。

（2）用 FHM 或 EPC 分离培养，观察 CPE，做进一步诊断。

（3）须做中和试验或做反转录 PCR（reverse transcription-PCR，RT-PCR）试验才能确诊。

（4）可用间接荧光抗体试验和酶联免疫吸附试验快速确诊。

5. 防治方法

目前，该病可行的防治方法还只是实行严格的卫生管理和控制措施。该病的疫苗大多处于试验阶段。因此，尚无有效的治疗方法。

（1）严格检疫，杜绝该病毒源的传入，特别是对来自欧洲的鱼种应进行检疫，以防带入该病病毒。

（2）用消毒剂彻底消毒可预防此病发生，用含碘量 100 毫克/升的碘伏消毒池水，也可用季铵盐类和含氯消毒剂消毒水体。

（3）控制水温，将水温提高到 22℃ 以上可以控制此病发生。

（4）选育对该病有抵抗力的品种。

二、鲤痘疮病

1. 病原

鲤疱疹病毒。病毒颗粒近似球形，直径 140～160 纳米，核心直径为 80～100 纳米，为有囊膜的 DNA 病毒。病毒核心衣壳在细胞核内形成，当衣壳通过核膜出芽时获得囊膜，同时获得感染细胞的能力。病毒对乙醚、pH 及热不稳定。在 FHM、鱼肥大细胞类胰蛋白酶（MCT）及 EPC 等上均能生长，并出现细胞病变。

2. 症状和病理变化

早期病鱼的体表出现乳白色小斑点，以后增大、变厚，其形状及大小各异，直径可从 1 厘米左右到数厘米，或者更大些，厚 1～5 毫米，严重时可融合形成"石蜡样增生物"，状如痘疮，故痘疮病之名由此而来；这种增生物一般不能被摩擦掉，但增长到一定程度会自然脱落，接着又在原患病部位再次出现新的增生物，增生物为上皮细胞及结缔组织增生形成的乳头状小突起，分层混乱，常见有丝分裂现象，尤其在表层，有些上皮细胞的核内有包含体，染色质边缘化；增生物不侵入表基，也不转移。病鱼因生长性能抑制而消瘦，游动迟缓，甚至死亡。

3. 流行情况

主要危害鲤、鲫及圆腹雅罗鱼等。流行于冬季及早春低温（10～16℃）时。当水温高于 18℃ 后，会逐渐自愈。水质肥的池塘、水库和高密度的网箱养殖流行较为普遍。目前，在我国上海、湖北、云南、四川等地均有发生，以前认为该病危害不大，但近年来有引起大量死亡的报道。

4. 诊断方法

根据症状及流行情况进行初步诊断。进一步诊断则可通过生物组织切片，可见增生物为上皮细胞及结缔组织异常增生，有些上皮细胞的核内有包含体。

5. 防治方法

该病尚无有效的治疗方法，重在预防。

（1）加强综合预防措施，严格检疫制度。隔离病鱼，并不得留作亲鱼。

（2）用生石灰彻底清塘消毒，有病鱼或病原体的水域也需进行消毒处理，最好不用作水源。

（3）将病鱼放入含氧量高的清洁水中（最好是流动水），体表增生物会自行脱落。

（4）二溴海因或溴海因全池泼洒，用量为 0.2～0.3 克/米^3。或者碘伏全池泼洒，用量为 0.2～0.3 毫升/米^3。

三、草鱼出血病

1. 病原

草鱼呼肠弧病毒（Grass carp reovirus，GCRV），又称草鱼出血病病毒（Grass carp hemorrhage virus，GCHV）。病毒为 20 面体的球形颗粒，直径为 70～80 纳米，具双层衣壳，无囊膜。此病毒可以在草鱼性腺细胞系（GCO）、草鱼肾细胞系（CIK 和 GCK）、草鱼吻端细胞系（ZC-7901）、吻端成纤维细胞系（PSF）及草鱼鳍胚胎细胞系（GCF）等内增殖。在感染细胞后第 2 天出现细胞病变。

2. 症状和病理变化

病鱼体表可见口腔、鳃盖和鳍条基部出血。撕开表皮，可见肌肉出现点状或块状出血。剖检腹腔，可见肠道充血，肝脾充血或因失血而发白。因此，渔民把该病分为"红肌肉""红肠子"和"红鳍红鳃盖"三类，实际上病鱼可以有一种或几种临床症状。

3. 流行情况

草鱼出血病是由病毒引起的一种严重危害当年草鱼鱼种的传染性疾病，青鱼和麦穗鱼也可感染，主要在我国中部及南方区域流行，死亡率可达 70% 以上。2 龄以上的鱼较少生病，症状也较轻。流行季节一般在 6 月下旬到 9 月底，10 月上旬仍有流行。一般发病水温为 20～33℃，27～30℃为流行高峰。

4. 诊断方法

将病料接种到草鱼肾细胞（CIK）、草鱼卵巢细胞（CO）、细胞因子（cytokine CK）等中，在 25℃培养，有些病毒株能出现 CPE，然后用凝胶电泳直接观察 RNA 带，免疫学方法或者如中和试验和 ELISA

等方法鉴定病毒，对不能产生 CPE 的病毒株，可用 PCR 方法或者直接用凝胶电泳观察病毒的 11 条 RNA 带进行病毒检测。

5. 预防方法

（1）清除过多的淤泥，并用浓度为 200 毫克/升的生石灰，或 20 毫克/升的漂白粉，或 10 毫克/升的漂白粉精消毒。

（2）使用含氯消毒剂全池泼洒消毒池水；在养殖期内，根据水质情况全池泼洒漂白粉精（0.2～0.3 毫克/升）。鱼种下塘前，用 60 毫克/升的聚乙烯氮戊环丙酮碘剂（PVP-1）药浴 25 分钟左右，或用 10 毫克/升的次氯酸钠处理 10 分钟。

（3）加强饲养管理，进行生态防病，定期加注清水，泼洒生石灰。高温季节注满池水，以保持水质优良，水温稳定。投喂优质、适口饲料。食场周围定期泼洒生石灰或漂白粉精进行消毒。

（4）人工免疫预防。用草鱼出血病疫苗进行人工免疫预防本病具有较好的效果。目前，主要有以下两种方式进行免疫：

①浸泡法。用尼龙袋充氧，以 0.5% 浓度的草鱼出血病灭活疫苗，加浓度为 10 毫克/升的莨菪碱，在 20～25℃ 水温下浸泡 3 小时，免疫成活率可达78%～92%；也可用低温活毒浸泡免疫法，以草鱼出血病活弱毒作抗原，在 13～19℃ 条件下浸泡草鱼种，保持 25 天以上，可使草鱼种获得免疫力，成活率达82%以上。

②注射法。可采用皮下腹腔或背鳍基部肌内注射，一般采用一次性腹腔注射，疫苗量视鱼的大小而定，一般控制在每尾注射疫苗 0.3～0.5 毫升。免疫产生的时间随水温升高而缩短，10℃ 时需要 30 天，15℃ 时 20 天，当水温 20℃ 时只需 4 天。免疫力可保持 14 个月。

（5）在流行季节前投喂下列药饵 1～2 疗程，有一定的防治效果。

①每千克鱼每天用大黄、黄芩、黄柏、板蓝根（单用或合用均可）5 克，氟苯尼考 10～15 毫克，病毒灵 30～50 毫克，拌饲投喂，连喂 3～5 天，每个月 1 次。

②板蓝根、黄芩、大黄、苦木按下述比例混合成复方药物：板蓝根 70%、苦木 30%；黄柏 32%、黄芩 32%、大黄 36%；三黄（黄柏、黄芩、大黄）50%、苦木 50%。

每千克鱼每天用中药粉 3～5 克，加恩诺沙星 50～10 毫克，连续投喂 3～5 天为 1 个疗程，每个月 1 次。

③在饲料中添加免疫增强剂可较好地提高鱼体免疫力。可选用黄芪多糖、酵母多糖等。用量为每吨饲料添加 1 千克免疫增强剂，发病季节前连续投喂 15 天。

四、斑点叉尾鮰病毒病

1. 病原

斑点叉尾鮰病毒（Channel catfish virus，CCV）属疱疹病毒，只有 1 个血清型。病毒颗粒有囊膜，呈 20 面体，双股 DNA，直径 175～200 纳米，被膜含 162 个衣壳粒，负染，衣壳粒直径为 95～105 纳米。CCV 具有寄主细胞特异性。CCV 生长温度为 10～35℃，最适温度为 25～30℃。病毒对氯仿、乙醚、酸、热敏感，在甘油中失去感染力。研究表明，22℃时，CCV 在组织中存活不超过 3 天；在 −20℃和 −88℃冷冻的组织中存放，该病毒会逐渐丧失活性，在 −20℃时，经 162 天会完全丧失活性；在 −80℃时，210 天之后仅保持低水平的病毒活性。病毒在含 10％血清，pH 7.6～8.0 培养液中，75℃以下保存，可存活 5 个月左右；25℃时病毒在池水中能存活 2 天，在曝过气的自来水中存活 11 天；4℃时病毒在池水中能存活近 1 个月，在曝过气的自来水中存活近 2 个月；病毒在池底淤泥中迅速灭活。

2. 症状和病理变化

病鱼食欲下降，甚至不食，离群独游，反应迟钝；有 20％～50％ 的病鱼尾向下，头向上，悬浮于水中，出现间歇性的旋转游动，最后沉入水底，衰竭而死。病鱼鳍条基部、腹部和尾柄基部充血、出血，以腹部充血、出血更为明显；腹部膨大，眼球单侧或双侧性外突；鳃苍白，有的发生出血；部分病鱼可见肛门红肿外突。剖解病鱼见腹腔内有大量淡黄色或淡红色腹水，胃肠道空虚，没有食物，其内充满淡黄色的黏液；心脏、肝、肾、脾和腹膜等内脏器官及组织发生点状出血；脾往往色浅，肿大；胃膨大，有黏液分泌物。

病理组织学上，CCV 可危害斑点叉尾鮰各种重要组织器官，肾是最先受损的器官，发生局灶性坏死，表现为肾间造血组织及排泄组织（肾小球和肾小管）的弥漫性坏死，同时伴有出血和水肿；肝充血、出血，发生局灶性坏死，偶尔在肝细胞内可见嗜酸性胞质包含体；胃肠道和骨骼肌充血、出血，胃肠道黏膜层上皮细胞变性、坏死；胰腺坏

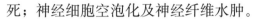

死；神经细胞空泡化及神经纤维水肿。

3. 流行情况

斑点叉尾鮰病毒病（CCVD）最早于 1968 年在美国的亚拉巴马州、阿肯色州、肯塔基州 3 个州发生，给这 3 个州的斑点叉尾鮰养殖造成严重损失，此后在美国整个斑点叉尾鮰养殖区流行，现在成为危害美国斑点叉尾鮰养殖的主要传染病之一。CCV 在自然条件下主要感染斑点叉尾鮰，且主要对小于 1 龄、体长小于 15 厘米的鱼苗、鱼种产生危害，但成鱼也可隐性感染，成为带毒者。病鱼或带毒者通过尿和粪向水体排出 CCV，发生水平传播，但其感染途径还不清楚，可能是通过接触病鱼、疫水而传播，带毒成鱼是传播源；亲鱼感染 CCV，可通过鱼卵发生垂直传播。CCVD 的流行水温是 20～30℃，在此温度范围内，水温越高，发病速度越快，发病率和死亡率越高；水温低于 15℃，CCVD 几乎不会发生。人工感染鱼苗，水温 25～35℃，感染后 1 周内出现症状，死亡率可达 90％以上；在 20℃以下则需 10 天以上才出现症状，死亡率在 10％左右。试验表明，鱼苗人工感染 CCV 后，肾在 24 小时，肝和肠道在 70 小时，脑在 96 小时后可分离到病毒。

4. 诊断方法

（1）根据流行病学及症状进行初步诊断 由于 CCV 在自然条件下只感染斑点叉尾鮰，而不感染其他鱼类，因此发病时只表现为斑点叉尾鮰发病，且主要危害 1 龄以下的鱼，而同一水体中的其他鱼不发病；同时，结合其腹部膨大、腹水和在水中的旋转游动的症状可进行初步诊断。

（2）通过组织病理学做出进一步诊断 根据病鱼肾造血组织及排泄组织的灶性坏死，肝充血、出血、坏死及消化道、骨骼肌出血，胰腺出血和局灶性坏死，特别是在肝细胞内发现嗜酸性胞质包含体可做出进一步诊断。

（3）通过对 CCV 的分离、鉴定可对本病做出确切的诊断 从病鱼 CCV 的靶器官（如肾）分离 CCV，其常用的细胞系是 BB、CCO 等。在细胞培养过程中出现合胞体和核内包含体是诊断 CCV 最有力的证据，同时可根据分离病毒的理化特性是否与 CCV 符合，而做出较为确切的诊断。

（4）免疫学诊断 利用免疫反应的特异性，对分离病毒采用血清

中和试验、免疫荧光抗体技术、PCR 等做出确切诊断。

5. 预防方法

该病尚无有效的治疗方法，重在预防。

（1）消毒与检疫是控制 CCVD 流行的最有效的方法，氯消毒剂在有效氯含量为 20～50 毫克/升时，可有效杀灭 CCV。因此，可用氯制剂加强对水体、鱼体和用具的消毒，同时严格执行检疫制度，以控制 CCVD 从疫区传入非疫区。

（2）避免用感染了 CCV 的亲鱼进行繁殖。由于 CCV 感染亲鱼后，可通过垂直传播感染鱼苗、鱼种，因此只能选用无抗 CCV 中和抗体和没有 CCVD 病史的亲鱼进行繁殖。

（3）降低水温，终止 CCVD 的流行。在 CCVD 流行时，引冷水入发病池，将水温降低到 15℃ 可终止 CCVD 的流行，从而降低死亡率，以减少 CCVD 所造成的损失。

（4）防止继发感染。在 CCVD 流行时，可在饲料中适当添加抗生素，如氯苯尼考、新霉素等，以防止继发性细菌感染。

（5）减少应激，给予充足的溶氧。在 CCVD 流行时，应注意保持好的水质，溶氧应尽量保持在 5 毫克/升以上，同时应减少或避免一些应激性的操作，如拉网作业等，以降低病鱼的死亡率。

（6）每千克鱼每天使用大黄、黄芩、黄柏、板蓝根各 200 克，食盐 170 克，全部拌匀后制成在水中稳定性好的颗粒饲料，连续 7～10 天。

第二节　细菌性疾病

一、细菌性烂鳃病

1. 病原

柱状黄杆菌（*Flavobaeterium columnaris*），曾用名鱼害黏球菌（*Myxococcs piscicola*），菌体细长，粗细基本一致，两端钝圆。一般稍弯曲，有时弯成圆形、半圆形、V 形、Y 形。较短的菌体通常是直的。菌体长短很不一致，大多长 2～24 纳米，个别长达 37 纳米，宽 0.8 纳米。菌体无鞭毛，通常做滑行运动或摇晃颤动。

有的学者认为，烂鳃病的病原菌与文献记载的柱状屈桡杆菌相符，因此建议仍沿用柱状屈桡杆菌（*Flexibacter calumnaris*）这一学名。

2. 症状和病理变化

病鱼鳃丝腐烂带有污泥，鳃盖骨的内表皮往往充血，中间部分的表皮常腐蚀成一个圆形或不规则的透明小窗（俗称开天窗）。在显微镜下观察，鳃瓣感染了黏球菌以后，引起组织病变，病变区域的细胞组织呈现不同程度的腐烂、溃烂和"侵蚀性"出血。另外，有人观察到鳃组织病理变化经过炎性水肿、细胞增生和坏死3个过程，并且分为慢性型和急性型两个类型。慢性型以增生为主；急性型由于病程短，炎性水肿迅速转入坏死，增生不严重或几乎不出现。

3. 流行情况

该病在水温15℃以上开始发生和流行。15～30℃时，水温越高，越易暴发流行，致死时间也越短。危害品种主要有草鱼、青鱼、鳊、鲢。在春季本病流行季节以前，带菌鱼是最主要的传染源，然后是被污染的水及塘泥。本病常与传染性肠炎、出血病、赤皮病并发，流行地区广，全国各地养鱼区都有此病流行，一般流行于4—10月，尤以夏季流行为多。

4. 诊断方法

根据症状及流行情况可做出初步诊断。用显微镜检查，鳃上没有大量寄生虫及真菌寄生，看到大量细长、滑动的杆菌，即可做出诊断。

5. 防治方法

（1）用生石灰彻底清塘消毒。

（2）由于草食性动物的粪便是该病原的滋生源，因此鱼池施肥时应施用经过发酵的粪肥。

（3）利用病原在0.7%的食盐水中不能生存的弱点，在鱼种过塘分养时用2%～2.5%的食盐水浸洗鱼种10～20分钟，可较好地预防此病。

（4）每千克鱼用恩诺沙星5～15毫克，拌料饲喂，每天1次，连用5～7天。

二、竖鳞病

1. 病原

水型点状假单胞菌（*Pseudomonas punctata* f. *ascitae*）。属于变形杆菌门（Proteobacteria）、δ-变形杆菌纲（Deltaproteobacteria）、假单

胞菌目（Pseudomonadales）、假单胞菌科（Pseudomonadaceae）、假单胞菌属（*Pseudomonas*）。该菌短杆状、近圆形、单个排列、有动力、无芽孢，革兰氏阴性。琼脂菌落圆形，24 小时培养后中等大小，略黄而稍灰白，迎光透视略呈培养基色。另外，有人认为此病是由气单胞菌或类似细菌感染引起的；也有人认为是一种循环系统的疾病，因淋巴回流障碍引起。

2. 症状和病理变化

病鱼离群独游，游动缓慢，严重时呼吸困难，对外界失去反应，浮于水面。疾病早期，鱼体发黑，体表粗糙，鱼体前部鳞片竖立，鳞囊内积有半透明液体。严重时全身鳞片竖起，鳞囊内积有渗出液，用手指轻压鳞片，渗出液就从鳞片下喷射出来，鳞片也随之脱落；有时伴有鳍基部充血，鳍膜间有半透明液体，顺着与鳍条平行的方向稍用力压，液体即喷射出来；眼球突出，腹部膨大，病鱼贫血，鳃、肝、脾、肾的颜色均变淡，鳃盖内表面充血。皮肤、鳃、肝、脾、肾、肠组织均发生不同程度的病变。

3. 流行情况

该菌是条件致病菌。当水质污浊、鱼体受伤时经皮肤感染。主要危害鲤、鲫、金鱼，草鱼、鲢有时也可患此病，从较大的鱼种至亲鱼均可感染。该病有两个主要流行季节：一是冬末春初，即越冬池开化后和鱼种放养初期；二是秋末冬初，即鱼种入越冬池后至封冰前。死亡率一般在 5％以上，发病严重的鱼池甚至 100％死亡，鲤亲鱼的死亡率也可高达 85％。

4. 诊断方法

初诊：根据症状和流行情况诊断。

确诊：镜检鳞囊内渗出液见大量杆菌即可确诊。但必须注意，当大量鱼波豆虫寄生在鲤鳞囊内时，也会引起竖鳞症状，用显微镜镜检鳞囊内渗出液即可对该病做出正确诊断。

5. 防治方法

（1）鱼体表受伤，是引起本病的可能原因之一，因此在捕捞、运输、放养时要避免使鱼体受伤。

（2）在未发病时应采用注新水，使池塘水呈微流状，可使因病原感染鱼体的症状消失，并杀灭病原。

（3）用3‰～5‰的食盐水浸洗病鱼10～15分钟。

（4）每千克鱼用氟苯尼考10～15毫克，拌饲投喂，连用5～7天。

三、细菌性败血病

1. 病原

嗜水气单胞菌（*Aeromonas hydrophila*）。嗜水气单胞菌属于变形菌门（Proteobacteria）、γ-变形菌纲（Gammaproteobacteria）、气单胞菌目（Aeromonadales）、气单胞菌科（Aeromonadaceae）、气单胞菌属（*Aeromonas*）。为革兰氏阴性化能异养菌，两端钝圆，短杆状，直或略弯，单个或成双排列，具有极生鞭毛（在菌体幼龄时具有周生鞭毛），无荚膜和芽孢，直径0.3～1.0微米，长1～3.5微米，适宜在pH5.5～9.0、25～30℃的环境下生长。气单胞菌在普通营养琼脂培养基上生长良好，菌落呈圆形，表面湿润、半透明、灰白色、光滑、边缘整齐、中央隆起。嗜水气单胞菌是条件致病菌，水温为14.0～40.5℃时都可繁殖，以28.0～30.0℃为最适温度；pH 6～11可生长，以pH7.27为最适；在盐度0～4的水中可生存，盐度为5时最适宜。琼脂平板上菌落光滑、微凸、圆整，无色或淡黄色，有特殊芳香气味。在林姆勒-肖特（Rimler-Shotts，RS）选择培养基上呈黄色圆形菌落。

2. 症状和病理变化

早期表现为病鱼的口腔、颌部、鳃盖、眼眶、鳍及鱼体两侧轻度充血，肠道可见有少量食物。随着病情发展，充血现象加剧，鳃丝充血，呈浅紫色，肿胀，肌肉呈出血症状；眼眶周围充血，眼球突出，腹部膨大、红肿。腹腔内有腹水，肝、脾、肾肿大，肠壁充血、充气，有的病鱼肛门红肿并伴有体液溢出。病鱼周身病变，在水中行动迟缓或阵阵狂游。

3. 流行情况

高密度养殖的鱼池占发病率高。成规模流行，发病时间从4月初至12月底，水温9～34℃。患此病的鱼从发现症状到死亡仅3～5天，短期内会造成大量死鱼甚至绝产，是池塘养殖的恶性病害。

4. 诊断方法

（1）根据症状、流行病学和病理变化可做出初步诊断。

（2）在病鱼腹水或内脏检出致病性嗜水气单胞菌可确诊。

5. 防治方法

应在做好预防工作的基础上，采取药物外用与内服结合治疗。

（1）定期泼洒生石灰及加注清水，改善水质。

（2）每月对鱼抽样检查 1～2 次，发现病情及时进行防治。

（3）给鱼种注射嗜水气单胞菌活菌苗，可以预防该病的发生。

（4）用含有效氯 30％的漂白粉，全池泼洒，使池水中的药物浓度达 1～1.2 毫克/升。或用含有效氯 85％的三氯异氰尿酸全池泼洒，使池水中药物浓度达到 0.4～0.5 毫克/升。

（5）每千克鱼用氟苯尼考 5～15 毫克制成药饵投喂，每天 1 次，连用 3～5 天。

四、细菌性肠炎病

1. 病原

肠型点状气单胞菌（*A. punotata f. instestinalis*）。本菌为革兰氏阴性短杆菌，两端钝圆，多数两个相连。极端单鞭毛，有运动力，无芽孢。属于变形菌门（Proteobacteria）、γ-变形菌纲（Gammaproteobacteria）、气单胞菌目（Aeromonadales）、气单胞菌科（Aeromonadaceae）、气单胞菌属（*Aeromonas*）。在 RS 培养基上菌落呈黄色。在 pH 6～12 时均能生长。生长最适温度为 25℃。

2. 症状和病理变化

病鱼离群独游，游动缓慢，体色发黑，食欲差或不摄食。发病早期肠壁局部发炎，肠内黏液多。发病后期肠壁呈红色，肠内没有食物，只有淡黄色的黏液，肛门红肿，有黄色黏液从肛门流出。

3. 流行情况

本病是养殖鱼中较严重的疾病之一，我国各养殖地区均有发生。主要危害青鱼、草鱼、鲢等。草鱼、青鱼从鱼种至成鱼都可受害，死亡率高，一般死亡率在 50％左右，发病严重的鱼池死亡率高达 90％以上，水温 20℃以上时开始流行，水温 25～30℃时为流行高峰。流行时间为 4—10 月，1 龄以上的草鱼、青鱼发病多在 4—6 月，当年草鱼种多在 7—9 月发病。该病常和细菌性烂鳃、赤皮病并发。

4. 诊断方法

肠道充血发红，尤以后肠段明显，肛门红肿、外突，肠腔内有很多淡黄色黏液。从肝、肾或血中可以检出产气单胞杆菌。

5. 防治方法

（1）彻底清塘消毒，保持水质清洁。投喂新鲜饲料，不喂变质饲料，是预防此病的关键。

（2）鱼种放养前用8～10毫克/升的漂白粉浸泡15～30分钟。

（3）大蒜（用时捣烂）或大蒜素、食盐，一次用量按每100千克饲料分别拌入5克或0.02克、0.5克，拌饲投喂，1天2次，连用3天。

第三节　真菌性疾病

一、水霉病

1. 病原

水霉病又称肤霉病、白毛病，是由真菌门、鞭毛菌亚门、卵菌纲、水霉目、水霉科中许多种类寄生而引起的。我国常见的有水霉和绵霉两属。菌丝细长，多数分枝，少数不分枝，一端像根一样扎在鱼体的损伤处，大部分露出体表，长可达3厘米，菌丝呈灰白色，柔软的棉絮状。扎入皮肤和肌肉内的菌丝，称为内菌丝，其具有吸取养料的功能；露出体外的菌丝，称为外菌丝。

2. 症状和病理变化

霉菌最初寄生时，肉眼看不出病鱼有什么异状，当肉眼看到时，菌丝已从鱼体伤口侵入，并向内、向外生长，向外生长的菌丝似灰白色棉絮状，故称白毛病。病鱼焦躁不安，常与其他固体物摩擦，以后患处肌肉腐烂，病鱼行动迟缓，食欲减退，最终死亡。在鱼卵孵化过程中，也常发生水霉病。可看到菌丝侵附在卵膜上，卵膜外的菌丝丛生在水中，故有"卵丝病"之称，因其菌丝呈放射状，也有人称之为"太阳籽"。

3. 流行情况

此类霉菌，或多或少地存在于一切淡水水域中。它们对温度适应范围广，一年四季都能感染鱼体，全国各养殖区都有流行。各种饲养鱼类，从鱼卵到各龄鱼都可感染。霉菌一般从鱼体的伤口入侵，在密养的越冬池冬季和早春更易流行。鱼卵也是水霉菌感染的主要对象，特别是阴雨天，水温低，极易发生并迅速蔓延，造成大批鱼卵死亡。

4. 诊断方法

观察体表棉絮状的覆盖物。病变部位压片，用显微镜检查时，可观察到水霉病的菌丝及孢子囊等。霉菌种类需经培养进行鉴定。

5. 防治方法

（1）在捕捞、搬运和放养等操作过程中，勿使鱼体受伤；同时，注意合理的放养密度。

（2）鱼池要用生石灰或漂白粉彻底清塘。

（3）最好不要用受伤的鱼作亲鱼，亲鱼进池前用碘制剂消毒。

（4）用3‰～5‰的甲醛溶液或1‰～3‰的食盐水浸洗产卵的鱼巢，前者浸洗2～3分钟，后者浸洗20分钟，均有防病作用。

（5）用食盐、碳酸氢钠合剂以4毫克/升的浓度全池遍洒。

二、嗜酸性卵甲藻病

1. 病原

卵甲藻病又称"打粉病"或"白鳞病"，是由嗜酸性卵甲藻引起的。病原隶属于甲藻门、甲藻纲、裸甲藻目、裸甲藻科、裸甲藻属。嗜酸性卵甲藻为寄生性单细胞藻类。嗜酸性卵甲藻身体呈肾形，体外有一层透明的玻璃纤维壁，体内充满淀粉粒和色素体，中央有一圆形的核。嗜酸性卵甲藻用纵分裂法形成裸甲子，在水中自由活动，碰到鱼类就附着于鱼体上，开始过寄生生活，发育为嗜酸性卵甲藻。

2. 症状和病理变化

病鱼体表和鳍上出现小白点，黏液分泌量增加。严重时小白点布满体表和鳃上，白点之间有充血的红斑，尾部特别明显，鱼体表就像黏附了一层米粉，故俗称"打粉病"。发病初期，病鱼食欲减退，呼吸加快，精神呆滞，有时拥挤成团，有时在石块或池壁摩擦身体。病重时，浮于水面，游动迟缓。虫脱落后，病灶发炎、溃烂，有的溃疡病灶可深入鱼骨，有的继发感染水霉病，最后病鱼瘦弱，大批死亡。

3. 流行情况

本病流行于夏秋两季，在酸性水体（pH 5～6.5）中，水温22～32℃时，主要危害锦鲤的当年幼鱼。

4. 诊断方法

根据以上症状和养鱼水体 pH 可以初诊，刮取黏液和白点放在载玻片上，加少量水在显微镜下观察，可以发现大量个体呈肾形，外有一层透明的纤维壁，体内充满淀粉和色素体，中间有一大而圆的核，即可确诊。

5. 防治方法

防治嗜酸性卵甲藻病应坚持"以防为主，防重于治"的原则，发现病鱼及时治疗。

（1）放养前对池塘养殖水体要进行严格消毒，每亩水面（1米水深）用100～150千克生石灰化浆全池泼洒，彻底清塘消毒，待pH保持在8左右，再投放鱼种。

（2）在饲养期间，根据池塘pH泼洒1次生石灰，使用量为20毫克/升，控制池水呈微碱性，pH达8左右。

（3）发现病鱼及时隔离治疗，无法救治的病鱼和死鱼应及时捞出，并进行无害化处理。

第四节　寄生虫性疾病

一、六鞭毛虫病

1. 病原

六鞭毛虫，属于动鞭纲、双体目、六鞭毛科，共计30余种，分别隶属于六鞭毛虫属（*Hexamita*）和旋核鞭毛虫属（*Spironucleus*）。六鞭毛虫虫体呈纺锤形或卵圆形，大小为（6～8）纳米×（10～12）纳米。具4对鞭毛，前鞭毛3对，游离于虫体前端；后鞭毛1对，沿虫体向后延伸。细胞核1对，位于虫体前端，为卵圆形或香肠形，可依其形状区分为六鞭毛虫或旋核鞭毛虫等。

2. 症状和病理变化

幼鱼常表现不活泼，食欲减退或丧失，体色变黑，体质瘦弱的个体发病早期即死亡。中鱼或大鱼则常会有排黏液便的现象，粪便呈半透明黏膜状，有拖粪现象，头部附近或侧线部分会出现蛀蚀穿孔的病变。

3. 流行情况

六鞭毛虫常寄生于七彩神仙鱼或其他鱼类的肠道内，平常为一种共栖的原虫，并不会造成病害，但只要鱼的健康状况不佳时，就会大

量滋生而引起如肠炎、黑死病、头洞病等多种病害。

4. 诊断方法

检查新鲜粪便，用显微镜观察粪便内六鞭毛虫的数量，于低倍镜（100×）下，虫体呈透明而具折射光泽，能快速抖动的小亮点，若视野内虫体的数量极多，达到数十个时需特别注意加以治疗，数量少时可暂时不治疗。解剖病鱼，观察内脏病变，肠道常变薄失去弹性，内充满黄色黏液呈半透明状，胆汁积存而使胆囊肿大，肝、肾呈暗黄色。用显微镜检查肠内容物或胆汁时，可观察到大量六鞭毛虫或二鞭毛虫，必要时经特殊染色，观察虫体的形状特征加以区别。

5. 防治方法

（1）维持良好稳定的水质环境，避免大量换水或其他水质改变所造成的应激。

（2）避免大小鱼混养，小鱼较容易受到六鞭毛虫侵袭。

（3）定期驱除肠道内的各种寄生虫，避免因其他寄生虫的问题诱发六鞭毛虫大量滋生。

二、艾美虫病

1. 病原

艾美虫（*Eimeria* spp.），属于顶复门、孢子纲、球虫亚纲、球虫目、艾美亚目、艾美科、艾美虫属。成熟的孢子呈卵形，由一层薄而透明的孢子膜包着。在发育过程中产生圆形的卵囊膜，直径 6～14 微米。成熟的卵囊具有 4 个孢子。在艾美虫的生活史中不需要更换寄主，即在一个寄主体内生活，包括无性繁殖和有性繁殖 2 个世代。成熟的卵囊随寄主的粪便排出体外，被另一寄主吞食而感染。

2. 症状和病理变化

艾美虫寄生在多种淡水鱼的肠、幽门垂、肝、肾、精巢、胆囊和鳔等处。病鱼的鳃部贫血，呈粉红色。剪破肠道，明显可见肠内壁形成灰白色的结节，病灶周围的组织呈现溃烂，致使肠壁穿孔，肠道内有荚白色脓状液。严重时，病鱼体色发黑，食欲废绝，游动缓慢，腹部膨大，鳃呈苍白色。剖开腹部，肠外壁也出现结节状物，肠外壁明显可见肠壁溃疡穿孔，肠管特别粗大，比正常的大 2～3 倍。

3. 流行情况

鲤艾美虫繁殖的适宜水温为 24～30℃，因此此病流行季节在 4—7 月，尤以 5—6 月严重。

4. 诊断方法

根据症状及流行情况进行初步诊断，确诊需将小结节取下，置显微镜下检查，证实这些小结节是由艾美虫的卵囊群集而成的。

5. 防治方法

（1）用生石灰或次氯酸钙彻底清塘消毒，以杀死塘底淤泥中的孢子，可起到预防的作用。

（2）鱼塘轮养，调整养殖结构，有预防效果。

（3）每千克鱼用蛋氨酸碘粉（若无碘，可用市售同质量的碘液代替）制成药饵投喂，1 天 1 次，连用 4 天。

（4）每 100 千克鱼用硫黄粉 100 克制成药饵投喂，1 天 1 次，连用 4 天。

三、中华黏体虫病

1. 病原

中华黏体虫（*Myxosporidia sinensis*）属于黏体门、黏孢子纲、双壳目、黏体虫科。孢子壳面观为长卵形或卵圆形，前端稍尖或钝圆，后方有褶皱，孢子大小为（8～12）纳米×（8.4～9.6）纳米；2 个梨形极囊约占孢子的 1/2，极丝 6 圈；没有嗜碘泡。

2. 症状和病理变化

中华黏体虫寄生在鲤肠的内、外壁上，形成许多乳白色芝麻状胞囊。患此病的病鱼，外表病症不明显。剖开鱼腹，取出鱼肠，在肠外壁上可见芝麻状的乳白色胞囊，严重影响鲤的生长发育。

3. 流行情况

全国各地都有发生，尤以长江流域及南方各地为严重。

4. 诊断方法

剪开肠管，取下胞囊少许内含物，加上压片在显微镜下观察，便可见到中华黏体虫的成熟孢子。

5. 防治方法

（1）彻底清塘，改善水质，可以减少孢子感染。

（2）每100千克鱼每天用200～400克复方甲苯咪唑拌饲投喂，连喂20～25天。

四、单极虫病

1. 病原

单极虫属于黏体门（Myxozoa）、黏孢子纲（Myxosporea）、双壳目（Bivalvulida）、单极虫科（Thelohanellidae）。病原通过体血液循环到鳞片下的鳞囊中生长、发育、繁殖，形成一个个椭圆形鳞片状扁平胞囊，使鳞片竖起；最大的胞囊有乒乓球大小。在鲤、鲫鳞片下寄生的鲮单极虫，其孢子狭长呈瓜子形，前端逐渐尖细，后端钝圆，缝脊直。孢子外常围着一个无色透明的鞭状胞膜。

2. 症状和病理变化

严重的病鱼大部分鳞片下都有鲮单极虫胞囊，呈蜡黄色，胞囊将鱼体两侧的鳞片竖起，几乎覆盖体表，病鱼在水边缓慢游动。虫体可寄生在鲮尾鳍，形成黄色胞囊，尾鳍组织被破坏；还可寄生在鲮的鼻腔内，形成大小达 $1\sim2$ 毫米^2 的胞囊，像在鼻腔里开了朵花。

3. 流行情况

主要在2龄以上鲤、鲫中出现，长江流域一带颇为流行。除鲤外，散鳞镜鲤、鲤鲫的杂交种也常出现，严重时这些鱼都丧失商品价值。流行季节为5—8月。

4. 诊断方法

可依据上述症状，还可取鳞片下少许胞囊，在载玻片上加清水压成薄片，在显微镜下可见大量鲮单极虫。

5. 防治方法

（1）彻底清塘可预防此病。

（2）按 1 米^3 水体投放 500 克高锰酸钾，充分溶解后，浸洗病鱼 $20\sim30$ 分钟。

五、斜管虫病

1. 病原

鲤斜管虫（*Chilodonella cyprini*）属于纤毛亚门、动基片纲、下口亚纲、管口目、斜管虫科、斜管虫属。腹面观呈卵形。背面隆起，腹面平坦，背面除前端左侧有一横行刚毛外，余者均无纤毛。腹面左右两边具有若干条纤毛带。胞口在腹面前端，具漏斗状口管，末端紧缩成一条延长的粗线，向左边呈螺旋状绕一圈，即为胞咽之所在。大核 1 个，圆形，在体后。小核球形，在大核边或后面。伸缩泡 1 对，斜列于两侧。

2. 症状和病理变化

发病初期，鱼体表无明显症状出现，仅少数个体浮于水面，摄食能力减弱，呼吸困难，开始浮头，反应迟钝。病情严重时，病鱼体色较深，鱼体瘦弱，体表有一层白色物质。斜管虫可以寄生在鱼的体表和鳃上，破坏鳃组织，使病鱼呼吸困难，病鱼出现浮头状，即使换清水也不能恢复正常。

3. 流行情况

斜管虫病一般流行于春、秋季节，最适繁殖温度为 12～18℃，20℃以上一般不会发生此病，主要危害鱼苗、鱼种，为苗种培育阶段常见鱼病。从发现少量虫体到虫体大量繁殖而导致鱼体死亡，往往只需 3～5 天。当水质恶化、鱼体衰弱时，在夏季及冬季冰下也会发生斜管虫病，引起鱼大量死亡，甚至越冬池中的亲鱼也发生死亡，为北方地区越冬后期严重的疾病之一。

4. 诊断方法

死亡个体体色稍深，口张开，不能闭合，体表完整且无充血，鳃丝颜色较淡，皮肤、鳃部黏液增多。剪取尾鳍和鳃丝镜检，发现大量活动的椭圆形虫体，在显微镜下观察，一个视野内达 100 个以上。

5. 防治方法

（1）用生石灰彻底清塘，杀灭底泥中病原。

（2）鱼种入池前每立方米水体用 8 克硫酸铜，或用 2% 食盐浸洗病鱼 20 分钟。

（3）每立方米水体用 0.7 克硫酸铜与硫酸亚铁合剂（5：2）全池遍洒。

六、小瓜虫病

1. 病原

小瓜虫，属于原生动物门、幼基片纲、膜口亚纲、膜口目、凹口科、小瓜虫属。生活史分为成虫期、幼虫期及胞囊期。其体型和大小在幼虫期和成虫期差别很大。成虫一般呈球形或近球形，体长为0.35～1.0毫米，体宽为0.3～0.4毫米。虫体柔软可随意变形，全身密布着短而均匀的纤毛。在腹面的近前端有一"6"字形的胞口，螺旋形的口缘由5～8行纤毛组成，做逆时针方向转动，一直到胞咽。在身体前半部有一马蹄形或香肠形的大核，小核圆形，紧贴在大核的上面。胞质外层密布有很多细小的伸缩泡，胞质内有大量食物粒。胞囊内最初成熟的幼虫为圆形，经过一定时间（5～8小时后）才开始活动，身体逐渐延长，前端尖而后端钝圆，最前方有一钻孔器。刚从胞囊内钻出来的幼虫身体呈圆筒形，但不久变成扁鞋底形，中部向内收缩凹陷。

2. 症状和病理变化

小瓜虫主要寄生在鱼类的皮肤、鳍、鳃、头、口腔及眼等部位，形成的胞囊呈白色小点状，肉眼可见。严重时鱼体全身可见小白点，分泌有大量黏液，表皮糜烂。它引起体表各组织充血，鱼类感染小瓜虫后不能觅食，加之继发细菌、病毒感染，可造成大批鱼死亡，其死亡率可达60％～70％，甚至全军覆没，给养殖生产带来严重威胁。

3. 流行情况

小瓜虫寄生在淡水鱼体内，繁殖适温为15～25℃。对鱼的种类及年龄均无严格选择性，分布也很广，几乎遍及全国各地，尤以不流动的小水体分布多，对高密度养殖的幼鱼及观赏性鱼类危害严重。

4. 诊断方法

镜检有虫体存在即可确诊。

5. 防治方法

保持良好环境，增强鱼体抵抗力，是预防小瓜虫病的关键措施。目前尚无理想的治疗方法，一般的治疗方法如下。

（1）放鱼前对养鱼水体进行严格消毒，用生石灰彻底清塘消毒，每立方米水体用生石灰2千克，待pH达到8左右后再放鱼。

（2）全池遍洒15～25毫克/升的戊二醛，隔天遍洒1次，共洒2～3次。

七、车轮虫病

1. 病原

车轮虫（*Trichodina*），属于原生动物门、纤毛亚门、寡膜纲、缘毛亚纲、缘毛目、车轮虫科。虫体大小为 20～40 纳米。虫体侧面观如毡帽状，反面观为圆碟形，运动时如车轮转动样。隆起的一面为前面，或称口面，相对凹入的一面为反口面（后面）。口面上有向左或逆时针方向旋绕的口沟，与胞口相连。口沟可绕体 180°～270°（小车轮虫）、330°～450°（车轮虫）。口沟两侧各着生 1 列纤毛，形成口带，直达前庭腔。胞口下接胞咽。伸缩泡在胞咽之侧。大核马蹄形，围绕前腔，也可为香肠形。大核一端还有 1 个长形小核。反口面具有后纤毛带。其上、下各有较短的上、下缘纤毛。有些种类在下缘纤毛之后常有一膜，谓之缘膜，透明。反口面还具有齿环。齿环由齿体构成。齿体似空锥，由齿钩、锥部、齿棘 3 部分组成。但由于虫种的不同，其结构有较大的变化。此外，还有辐射线。这些结构是比较稳定的，有分类学上的意义。

2. 症状和病理变化

车轮虫在水中可生活 1～2 天，通过直接与鱼体接触而感染。车轮虫主要在鱼的皮肤、鳍及鳃上寄生，病鱼因受虫体寄生刺激，引起组织发炎，分泌大量黏液，在体表、鳃部形成一层黏液。鱼体消瘦，体色发黑，游动缓慢，呼吸困难。孵化中的鱼苗可发生白头白嘴病，开食不久的鱼苗常在池边狂游。大量寄生时，鳃上皮组织坏死、脱落，使病鱼衰弱死亡。

3. 流行情况

车轮虫广泛存在于各自然水域及养殖池水，尤其在暴雨季节，养殖水受地表水污染时易导致车轮虫感染。

4. 诊断方法

刮取鱼体表或鳃上黏液做成水封片，在显微镜下见到车轮虫可确诊。

5. 防治方法

（1）用 2.5％～3.5％的盐水浸浴 5～10 分钟，然后转到流水池中饲养，病情可以好转而痊愈。

（2）用硫酸铜和硫酸亚铁（5∶2）合剂 0.7 毫克/升全池泼洒，但用药后要注意观察鱼的活动情况，发现异常应马上换水。

八、坏鳃指环虫病

1. 病原

坏鳃指环虫为单殖吸虫，属于扁形动物门、吸虫纲、单殖亚纲、单后盘目、指环虫科、指环虫属。后吸器具 7 对边缘小钩，1 对中央大钩。联结片单一，呈"一"字形。交接管呈斜管状，基部稍膨大，且带有较长的基座。支持器末端分为两叉，其中一叉横向钩住交接管。

2. 症状和病理变化

患病初期病鱼无明显症状，随着病情的发展，病鱼鳃部显著肿胀，打开鳃盖，可见鳃上有乳白色虫体，鳃丝暗灰色。部分病鱼还出现急速侧游，在水草丛中或岸边挤擦，企图摆脱虫体的侵扰的现象。

3. 流行情况

坏鳃指环虫病是一种鱼常见的多发病。该寄生虫最适宜的繁殖温度为 20～25℃，主要流行于春末和夏初。指环虫寄生在锦鲤鳃上，破坏其鳃组织，影响其正常呼吸。虫体以寄主鳃组织和血细胞为食，可以导致鱼体贫血、消瘦。锦鲤幼鱼寄生 5～10 个指环虫就可能引起死亡。

4. 诊断方法

取病鱼鳃丝少许压片，在显微镜下检查，如在每片鳃上发现 50 个以上的虫体，或者是在低倍镜下发现每个视野有 5 个以上的虫体，即可诊断为坏鳃指环虫病。

5. 防治方法

（1）用晶体敌百虫、面碱合剂（1∶0.6）以 0.1～0.24 毫克/升浸泡鱼体 15～30 分钟。

（2）泼洒晶体敌百虫，使水中的药物浓度达到 0.2～0.43 毫克/升。

九、三代虫病

1. 病原

三代虫属于扁形动物门、吸虫纲、单殖亚纲、三代虫目、三代虫科。体小而延伸。后吸器有 1 对中央大钩及背联结片与腹联结片各一，16 个边缘小钩。头器 1 对。咽分两部分，各由 8 个肌肉细胞组成。食道很短，肠支简单，盲端伸至体前部后端。

2. 症状和病理变化

寄生于鱼的体表和鳃上。病鱼呼吸困难，体表无光，急促不安，时而狂游于水中，或在岩石、缸边擦撞。大量寄生三代虫的鱼体，皮肤上有一层灰白色的黏液，鱼体失去光泽，游动极不正常。食欲减退，鱼体瘦弱，呼吸困难。将病鱼放在盛有清水的培养皿中，仔细观察，可见到蛭状小虫在活动。

3. 流行情况

三代虫寄生于鱼的体表及鳃上，分布很广，其中以湖北和广东较严重。最适宜的温度为20℃，春季最为流行。

4. 诊断方法

刮取病鱼体表黏液制成水封片，置于低倍镜下观察，或取鳃瓣置于培养器内（加入少许水）在解剖镜下观察，发现虫体即可做出诊断。

5. 防治方法

（1）用90%晶体敌百虫全池遍洒，水温20～30℃时，每立方米水体用药0.2～0.5克，防治效果较好。

（2）用含2.5%敌百虫粉剂全池遍洒，每立方米水体用药1～2克。

（3）用敌百虫与面碱合剂全池遍洒，晶体敌百虫与面碱的比例为1∶0.6，每立方米水体用药0.1～0.24克，防治三代虫效果也很好。

十、鲤蠢病

1. 病原

由鲤蠢绦虫和许氏绦虫等寄生引起。虫体不分节，只有1套生殖器官；头节不扩大，前缘皱褶不明显或光滑；精巢椭圆形，前端与卵黄腺同一水平，向后延伸到阴茎囊的两侧；卵巢H形，在虫体后方；卵黄腺椭圆形，比精巢小，分布在髓部；有受精囊，子宫环不达阴茎囊前方。中间寄主是颤蚓，原尾蚴在颤蚓的体腔内发育，呈圆筒形，前面有吸附的沟槽，后端有具小钩的尾部；鲤吞食感染有原尾蚴的颤蚓后感染，在肠中发育为成虫。

2. 症状和病理变化

轻度感染时病鱼无明显变化，寄生多时鲤肠道被堵塞，肠的第1弯曲处特别膨大成球状，肠壁被胀得很薄、发炎，肠管被虫体堵塞，肠内无食，病鱼贫血，因不能摄食而饿死。

3. 流行情况

在我国很多养鱼地区均有发现，虫体主要寄生在鲫及2龄以上的鲤肠内，流行于4—8月。

4. 诊断方法

根据症状和流行情况初诊。剖开鱼腹，取出肠道，小心剪开，即可见到寄生在肠壁上的绦虫。要鉴定寄生虫的种类，须进行虫体切片、染色。

5. 防治方法

(1) 每100千克饲料中用棘蕨粉32克拌饲，一次投喂。

(2) 全池泼洒晶体敌百虫。每立方米水体泼洒晶体敌百虫 0.5～0.7 克。

(3) 如病情严重，治愈后最好再投喂2天抗菌药，以防细菌感染。

十一、舌状绦虫病

1. 病原

由扁形动物门、绦虫纲、多节亚纲、假叶目和圆叶目、舌状绦虫属及双线绦虫属绦虫的裂头蚴寄生于鱼类的体腔内引起。两属绦虫的裂头蚴形态相似。虫体肥厚，白色的长带状，长可达数厘米到数米，宽可达1.5厘米。头节略呈三角形，身体没有明显的分节。舌状绦虫的裂头蚴在背腹面中线各有1条凹陷的纵槽；而双线绦虫的裂头蚴在背腹面各有2条凹陷的平行纵槽，在腹面还有1条中线，介于这2条纵槽之间。

2. 症状和病理变化

裂头蚴寄生于鲫、鲤、鲢、鳙、鳊、鲌等鱼的体腔。由于虫体较大，可使病鱼腹部膨大，失去平衡；虫体的挤压和缠绕，使肠、性腺、肝、脾等器官受到压迫而逐渐萎缩，使其正常机能受到抑制、破坏，并引起贫血。病鱼腹部膨大，用手轻压有坚硬实体的感觉；常漂浮于水面，缓慢游动，甚至在水面侧游或腹部向上；严重贫血，生长停滞，失去生殖能力；鱼体消瘦，终致死亡。有时裂头蚴可以从病鱼腹部钻出，直接导致病鱼死亡。解剖病鱼，可见体腔内充满白色虫体。

3. 流行情况

舌状绦虫病危害鲫、鲢、鳙、草鱼、鲤等多种淡水鱼。我国各养鱼区均有流行。舌状绦虫的第1中间寄主为细镖剑水蚤，第2中间寄主为鱼，终寄主为鸥鸟。

4. 诊断方法

根据病鱼症状可以初诊。解剖病鱼，在体腔内发现虫体，即可确诊。

5. 防治方法

（1）用生石灰彻底清塘，同时注意驱赶鸥鸟，可在一定程度上控制该病的发展。

（2）全池泼洒浓度为 0.3 毫克/千克的晶体敌百虫，以杀灭水体中的细镖剑水蚤和虫卵。

十二、嗜子宫线虫病

1. 病原

由嗜子宫属（*Philometra*）的线虫寄生于鱼的鳞片下、鳍等处引起。我国发现的种类较多，常见的如寄生于鲤鳞片下的鲤嗜子宫线虫，寄生于鲫鳍上的鲫嗜子宫线虫和寄生于乌鱼鳍上的藤本嗜子宫线虫。其中，以鲤嗜子宫线虫的危害较大。鲤嗜子宫线虫雌虫寄生于鲤鳞片下，血红色，长 10～13.5 厘米，呈两端稍细的粗棉线状。体表有许多透明的乳突。无口唇；食道较长，由肌肉和腺体混合组成；肠细长，棕红色，肛门退化。卵巢 2 个，位于虫体两端。粗大的子宫占据体内大部分空间，内充满虫卵和幼虫。无阴道与阴门。雄虫寄生于鲤的鳔内、鳔壁和腹腔内，虫体细如发丝，体表光滑，透明无色，长 3.3～4.1 毫米，尾端膨大，有 2 个半圆形尾叶。2 根交合刺形状和大小相同，有引带。

2. 症状和病理变化

虫体寄生于鳞片下，经常蠕动，造成皮肤损伤，使鳞片隆起，皮肤发炎出血，进而引起水霉菌继发感染。病鱼食欲减退，消瘦，虫体寄生部位的皮肤肌肉充血、发炎，鳞片隆起，有虫体寄生的鳞片呈现出红紫色的不规则花纹，揭起鳞片可见到红色虫体。

3. 流行情况

主要危害 2 龄以上的鲤。通常发生于 5—6 月。一般不引起死亡，仅降低其商品价值，但可引起细菌、真菌感染。严重时也可引起死亡。

4. 诊断方法

肉眼检查病鱼，可见寄生处鳞片有红紫色的不规则花纹，揭起鳞

片可见到红色虫体。

5. 防治方法

（1）用生石灰彻底清塘，杀死幼虫。

（2）防止把病鱼运到无病地区饲养，也不要把病鱼混入健康鱼群。

（3）用90％晶体敌百虫全池泼洒，使池水浓度为0.6毫克/升，能使虫体死亡、脱落。

（4）用医用碘酒溶液涂擦病鱼患部，或将病鱼用2％的食盐水溶液浸泡10～20分钟。

十三、棘头虫病

1. 病原

棘头虫为无脊椎动物，属于棘头动物门、古棘头虫纲、棘吻目、倍棘科、副细吻虫属。吻上有钩，体长从不足1厘米到50厘米以上。均为寄生，成虫寄生在脊椎动物（通常为鱼），幼虫寄生在节肢动物（昆虫、蛛形类、甲壳类），称棘头蚴。穿过肠壁进入血腔，外长一囊，发育成像小型成虫的棘头体。缩入吻，进入休眠期，称囊棘蚴。被终末宿主（脊椎动物）吞入后，棘头虫在肠内脱出，用吻钻入肠壁，并发育成熟。如囊棘蚴被其他宿主吞吃，则它穿过肠壁进入体腔，形成胞囊，但仍有侵染性，宿主被终末宿主吞吃，它仍可发育成熟。水产上常见的棘头虫病有似棘头吻虫病、长棘头吻虫病和长颈棘头虫病。

2. 症状和病理变化

夏花鲤鱼种被崇明长棘吻虫寄生3～5条时，即可出现肠道堵塞、肠壁胀薄，不摄食，1～3天即死亡。1～2龄鲤大量感染时，鱼体消瘦，生长缓慢，食欲减退或不摄食。剖开鱼腹，可见肠道外壁有大小、形状不一的肉芽肿瘤，并相互粘连，使肠道粘连在一起，严重时，肝也粘连在一起，并有局部充血现象。少数虫体的吻部可钻破肠壁，再钻入肝或体壁，甚至引起体壁穿孔。剪开肠道，可在前肠部位见到大量虫体聚集在一起，肠内有脓状黏液。

3. 流行情况

鲤长棘吻虫主要危害鲤，从夏花至成鱼均可感染。棘头虫病呈慢性经过，持续死亡，累积死亡率可达50％。我国各养鲤区均有发生。

流行季节为每年的 5—7 月。

4. 诊断方法

剪开肠壁，刮下肠黏液，用玻片压片，在解剖镜下观察到虫体即可确诊。

5. 防治方法

（1）用生石灰彻底清塘，杀灭水中虫卵和中间宿主。

（2）防止将已感染的水源引进健康鱼池；严格隔离病鱼，同时深埋死鱼，以防传染。

（3）发病池遍洒浓度为 0.5 毫克/升的晶体敌百虫，以杀灭中间宿主。

十四、中华鳋病

1. 病原

中华鳋属于桡足亚纲、剑水蚤目、鳋科、中华鳋属。虫体寄生在鱼的鳃上。只有雌鳋成虫才营寄生生活，雄鳋和雌鳋幼虫营自由生活。

2. 症状和病理变化

病鱼焦躁不安，跳跃，食欲减退或不食，体色发黑。严重或并发其他病时，呼吸困难，离群独游或停留于近岸水体中，不久死亡。揭开鳃盖，可见许多带有卵囊的雌鳋挂在肿胀发白的鳃丝末端，形似白色小蛆。

3. 流行情况

此病常发生于草鱼、鲢、鳙，全国各养鱼地区都有发生。长江流域每年 4—11 月为流行季节，尤以 5 月下旬至 9 月上旬为甚。特别是对当年草鱼危害严重。

4. 诊断方法

用镊子掀开病鱼的鳃盖，肉眼可见鳃丝末端内侧有乳白色虫体，或用剪刀将左右两边鳃完全取出，放在培养器内，将鳃片逐片分开，在解剖镜下观察，统计数量和鉴定。

5. 防治方法

（1）彻底清塘，以杀死幼虫。

（2）用高效敌百虫全池泼洒，效果明显。

（3）杀虫后隔天用二氧化氯、三氯异氰脲酸进行水体消毒。

十五、锚头鳋病

1. 病原

锚头鳋（*Lernaea* spp.）属于桡足亚纲、剑水蚤目、锚头鳋科。虫体寄生在鱼的鳃、皮肤、鳍、眼、口腔、头部等处。虫体细长，分头、胸、腹3部分。头部有背、腹角各1对，略呈锚形，故此得名。

2. 症状和病理变化

锚头鳋寄生的病鱼表现为焦躁不安、减食、消瘦。虫体寄生在鱼体各部位，呈白线头状，随鱼游动。有的虫体上长有棉絮状青苔，往往被误认为是青苔的苔丝挂在鱼身上。这种害虫凶猛贪食，寄生处会出现不规整的深孔，虫的头部钻到鱼体肌肉里，用口器吸取血液，也噬食鳞片和肌肉，靠近伤口的鳞片被锚头鳋分泌物溶解腐蚀成不规整形缺口，又给水霉菌、车轮虫等的入侵开了方便之门。因此，被锚头鳋寄生的病鱼，往往会并发其他疾病。

3. 流行情况

本病流行于4—11月，而以夏季为最甚。多见于100克以上的大规格鱼，幼鱼极少发生。大量寄生可造成鱼死亡。

4. 诊断方法

肉眼可见病鱼体表一根根似针状的虫体，即是锚头鳋的成虫。锚头鳋寄生在草鱼和鲤的鳞片下，检查时仔细观察鳞片腹面或用镊子去掉鳞片，即可看到虫体。

5. 防治方法

（1）清塘消毒。

（2）用水体终浓度为0.3～0.5毫克/升的晶体敌百虫全池泼洒，每周1次，连续3～4次，可杀灭锚头鳋的幼体。锚头鳋幼体有弱趋光性，早晨和傍晚集中于水面，所以用药时间以早晨和傍晚为好。

十六、鲺病

1. 病原

鱼鲺，小型甲壳动物。体扁，呈椭圆形。前端腹侧有吸吻、口刺和吸盘。寄生于淡水鱼的体表，吸取血液鲺的外形很像小臭虫，体长2～3毫米。

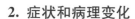

2. 症状和病理变化

鲺寄生在鱼的体表，刺伤或撕破鱼的皮肤，分泌物还能刺激鱼体，病鱼因而出现烦躁、狂游的现象。特别是一些类似龙鱼的大型鱼，烦躁、狂游现象更为严重，甚至发生冲撞缸壁和跳跃等情况。由于鲺的寄生损坏了鱼体，病鱼还极易感染其他病菌。如果1尾鱼寄生了几只鲺，可能会引起死亡。

3. 流行情况

鲺病一年四季都可发生，流行地区广，尤以广东地区流行最普遍，终年可见，以4—8月危害严重。

4. 诊断方法

此病较易诊断，通常在鱼体表或鳍上肉眼可观察到体色透明、前半部略呈盾形的虫体即确诊，若进行种类鉴定，则要要用显微镜观察。

5. 防治方法

可全池遍洒敌百虫，使池水成0.2～0.3毫克/升的浓度。

十七、鱼怪病

1. 病原

日本鱼怪（*Ichthyoxenus japonensis*）属软甲亚纲、等足目、缩头水虱科。一般成对地寄生在鱼的胸鳍基部附近孔内。

2. 症状和病理变化

凡患此病的鱼，在其胸鳍基部附近均有1个黄豆大小的椭圆形孔，虫卵就寄生在该孔内。当健康鱼被寄生后，鱼体失去平衡，数分钟内即死亡。如虫体寄生在夏花鱼种体表和鳃时，可使鱼焦躁不安，鳃及皮肤分泌大量黏液，表皮破裂，充血。严重时，鳃小片坏死脱落，鳃丝软骨外露。同时，鳍条破损，形成"蛀鳍"，导致鱼苗、鱼种死亡。

3. 流行情况

在我国流行很广，危害很大。云南、山东较为严重，常年可见。长江流域，4—10月为流行季节。该病一般发生于湖泊、水库等大水体中，主要危害鲫、雅罗鱼、麦穗鱼的鱼种。

4. 诊断方法

胸鳍基部见到虫体即可确诊。

5. 防治方法

鱼怪病一般都发生在比较大的水面，如水库、湖泊、河流，池塘内极少发生。日本鱼怪的成虫具有很强的生命力，加之其又寄生于宿主体腔的寄生囊内，所以其耐药性比宿主强，在大面积水域中杀灭日本鱼怪成虫非常困难；但在鱼怪的生活史中，释放于水中的第 2 期幼虫是一个薄弱环节，杀灭了第 2 期幼虫，就破坏了它的生活史周期，阻断了其传播途径，是防治鱼怪病的有效方法。

（1）对于网箱养鱼，在日本鱼怪释放幼虫的高峰期，选择风平浪静的日子，在网箱内挂 90% 晶体敌百虫药袋，每次用量按网箱的水体积计算，或每立方米水体投放 1.5 克敌百虫，均可杀灭网箱中的全部日本鱼怪幼虫。

（2）日本鱼怪幼虫有强烈的趋光性，大部分都分布在岸边水面，在离岸 30 厘米以内的一条狭水带中，所以可在日本鱼怪释放幼虫的高峰期，选择无风浪的日子，在沿岸 30 厘米宽的浅水中泼洒晶体敌百虫，使沿岸水成 0.5 毫克/升的浓度，每隔 3~4 天泼洒药物 1 次，这样经过几年之后可基本上消灭日本鱼怪。

（3）患鱼怪病的雅罗鱼，完全丧失生殖能力，所以在雅罗鱼繁殖季节，到水库上游产卵的都是健康鱼，而留在下游的雅罗鱼有 90% 以上患鱼怪病。在雅罗鱼繁殖季，一方面应当保护上游产卵的亲鱼，以达到自然增殖资源的目的；另一方面可增加对下游雅罗鱼的捕捞，以降低患鱼怪病的雅罗鱼比例，减少鱼怪病的传播者。

（4）在日本鱼怪释放幼虫的高峰期，在网箱周围用网大量捕捉鲫和雅罗鱼，以减少网箱周围水体中日本鱼怪幼虫的密度。

第五章

池塘流水槽循环水养殖系统建设、养殖实例

第一节　传统池塘建设流水槽循环水养殖系统
——以江苏省建湖县正荣生态渔业有限公司为例

一、系统概况

1. 建设时间和地点

系统于 2014 年 11 月开始建设，2015 年 5 月竣工投产。系统地点位于江苏省盐城市建湖县恒济镇东袁村境内，在新建的 331 省道路南。系统占地面积近 27 公顷，原为荡滩和农业复垦地，因建设 331 省道，一部分作为路基的取土区。该地块呈长方形，东西长 635 米，南北宽 430 米，其中公路建设取土区约 10 公顷，水深 3.5 米。复垦区约 17 公顷，水深 0.8～1.2 米。

2. 水槽建设情况

主要建设内容是：①建设净化区 27 公顷，对净化区池塘进行整理，修建导水坝和防浪堤，新建 2 个洁水塘；②建设水槽，新建养殖水槽 52 条，包括机头、水槽、集污区等，水槽建筑面积 7 800 米^2，净养殖面积 5 720 米^2；③配套设施，包括建设道路、进排水系统、水处理系统、供电系统、管理房屋、鼓风机房、配电间和发电间等。

二、系统投资概况

1. 整体投资情况

合计投资约 694 万元。

2. 分项情况

（1）池塘整理护坡、导水坝、防浪堤和净水塘等（以土方为主），

费用合计 90 万元。

（2）建设 52 条水槽的底板、隔墙、走道等土建项目，费用 468 万元。

（3）机头系统包括无缝钢管主送气道、框架、曝气增氧格栅等，费用合计约 39 万元。其中，每条水槽配 4 个曝气增氧格栅，每个曝气增氧格栅1 300 元，合计 208 个，费用 27.04 万元；框架、管道、挡水板，费用 12 万元。

（4）拦鱼闸网，52 条水槽，每条水槽配备 5 块拦鱼闸网，每块拦鱼闸网1 300 元，合计 260 块拦鱼闸网，费用共计约 34 万元。

（5）底增氧设施费用 5 万元。

（6）罗茨鼓风机 5 台，用于生产系统送气，费用共计 12 万元。

（7）旋涡风机，每 4 条水槽配 1 台风机，52 条水槽配 13 台风机，费用共计 2 万元。

（8）每条水槽配 1 台投饵机，52 台投饵机费用共计 6 万元。

（9）柴油发电机（应急电源）1 台，输出功率 150 千瓦，费用共计 8 万元。

（10）建设生产、生活用房 300 米²，费用共计 20 万元。

（11）吸污及污物处理系统，费用共计 10 万元。

3. 系统核算

从养殖面积来说，27 公顷池塘，系统建设费用平均到每亩水面建设成本约 1.7 万元；从水槽数来说，52 条水槽，每条水槽建设成本 13.35 万元；从水槽建设面积来说，建筑面积 7 800 米²，每平方米约 890 元；从水槽净养殖面积来说，净养殖面积米 5 720 米²，每平方米约 1 213 元；从投资回报来看，每平方米净养殖面积可以生产水产品 100 千克，5 720 米²可以生产 57.2 万千克，以当地池塘养殖平均生产能力每亩 750 千克计，则相当于约 50 公顷池塘的生产能力，如果按承包费每亩 1 000 元计，则 9 年可以抵算投资，当然投资利率与传统池塘的整修费用可以互抵。所以，在池塘承包费高的地方投资池塘流水槽循环水养殖系统会更合算。

三、养殖适应性

养殖系统建成后，养殖的品种有异育银鲫、草鱼、鳊、加州鲈、斑点叉尾鮰等，利用该系统既培育过鱼种，也养殖过成鱼，都获得了成功，总体来看，养殖成鱼好于培育鱼种，但水槽培育的鱼种对水槽的适应性更强，放种后成活率更高，发病率更低，所以配套建设水槽育种是必要的。从养殖效果来看，鳊、异育银鲫、加州鲈产量可以达到75～100千克/米²，斑点叉尾鮰可以达到100～150千克/米²，草鱼可以达到200千克/米²以上。净化区种植水草、藕和空心菜等，投放适量水产养殖品种鲢、鳙、草鱼、河蟹、南美白对虾、鳖等，收益可以达到1 000～1 500元/亩，与传统养殖效益差异不大。

第二节　河蟹池塘＋流水槽循环水养殖系统
——以江苏省丹阳市现代生态水产养殖场为例

一、项目建设地点及规模

项目实施地点位于江苏省丹阳市陵口镇折柳许家村丹阳市现代生态水产养殖场（许家基地），建设规模约13公顷。

二、基础设施建设内容

改造成蟹池13公顷，新建流水槽循环水养殖水槽2 000米，安装推流曝气增氧系统30台（套）。配套投饵单元，残饵和粪便收集、回收、浓缩系统，大塘净化单元，电控、增氧（应急）系统（图5-1）。

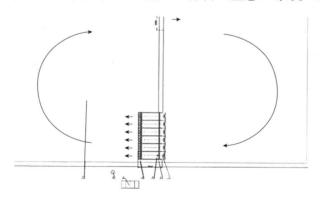

图5-1　河蟹池塘＋流水槽循环水养殖系统设计图

三、技术路线

河蟹养殖＋流水槽循环水养殖水槽技术路线见图5-2。

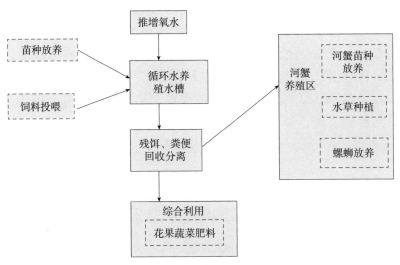

图 5-2 河蟹养殖＋流水槽循环水养殖系统技术路线

四、建设情况

丹阳市现代生态水产养殖场从 2014 年 2 月开始建设，至 4 月底全部建成，共在 13 公顷河蟹养殖池塘中建设了 6 组共 18 条养殖水槽，建设面积共计 2 000 米^2，每条水槽实际养殖面积 90 米^2（图 5-3、图 5-4）。合计建设费用 65 万元。

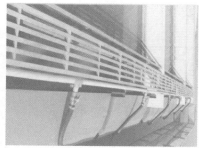

图 5-3　河蟹养殖＋池塘流水槽循环水养殖系统建设过程

图 5-4　河蟹池塘＋流水槽循环水养殖系统

五、生产情况

1. 河蟹苗种放养

外围池塘河蟹养殖，按常规养殖要求放养平均规格为 120 只/千克的扣蟹 1 500 只/亩，放养前做好水草培育和放养螺蛳的准备工作。

2. 养殖水槽鱼种放养

养殖水槽从 6 月 2 日开始陆续放养鱼种，水槽养殖面积及各品种放

133

养情况见表 5-1。

表 5-1　水槽养殖面积及各品种放养情况

水槽	养殖品种	鱼种投放量［尾重（克）×尾数］
1 260 米², 14 条水槽 (18 米×5 米)	加州鲈	5×350 000
180 米², 2 条水槽 (18 米×5 米)	黄颡鱼	5×140 000
90 米², 1 条水槽 (18 米×5 米)	太阳鱼	4×50 000
90 米², 1 条水槽 (18 米×5 米)	黑鱼	25×25 000

六、收获情况

1. 外塘河蟹收获情况

河蟹至 11 月底已全部捕捞上市，平均产量 146.5 千克/亩，平均售价 64 元/千克，每亩产值 9 376 元，加上上半年青虾产出和下半年青虾及其他水产品产出，平均效益达到 5 235 元/亩。河蟹平均规格较没有建设养殖水槽的池塘大 10～15 克/只，平均亩产增收 10～15 千克，由于规格增大，平均销售价格提高 20～30 元/千克，河蟹平均每亩增收近 3 000 元。

2. 养殖水槽鱼类收获情况

由于加州鲈、黄颡鱼在年底没有达到上市规格，翌年继续养殖到 5 月、6 月陆续上市；太阳鱼当年收获一条水槽。各品种收获情况见表 5-2。

表 5-2　各品种收获情况

品种	总产（千克）	平均单产（千克/米²）
加州鲈（5 条槽）	24 810	55.13
黄颡鱼（6 条槽）	16 110	29.83
太阳鱼（1 条槽）	2 770	30.78

第三节　稻田＋流水槽循环水养殖系统

一、概述

水稻是我国的主粮之一，对我国的民生大计有不可估量的作用，水稻种植面广、量大，2018 年我国水稻种植面积达 2 930 万公顷。为充分利用水稻种植的生态功能，发挥种养品种之间的互利作用，我国早在 1 000 多年前就进行了稻田养鱼的尝试，目前全国稻田养殖面积已达数千万亩。稻田养鱼是水、土资源综合利用的立体开发实用形式，具有保粮、节地、节肥、节水、增效等许多优点，是发展绿色农业、提升农产品质量的有效途径。把池塘工程化养殖与稻田相结合是稻田养殖的又一种新形式，有利于保粮和进一步拓展现代渔业发展空间，更便于集中管理、增加产出、提高种养业经济效益。

流水槽循环水养殖与稻田相结合，以水稻品种划分可以分为普通水稻与高秆水稻两种，由于两种水稻的蓄水深度差异，其建设流水槽的占比不相同。具体来说，与普通水稻田相结合时考虑到田块最大蓄水深度为 15～20 厘米，要求流水槽底部离田块平面最好超过 2 米，以保持水槽内养殖最大水位 2.2 米左右；与高秆水稻田相结合时则考虑到高秆水稻最大水位可达 60～80 厘米，则流水槽底部离田块平面距离可保持在 1.5 米以上，水槽内养殖最大水位可达 2.3 米左右。

以所处区域划分也可分为两种，一种是在传统连片稻田发展池塘流水槽循环水养殖模式，另一种是稻田与池塘相结合的模式。具体来说，在传统连片稻田发展池塘流水槽循环水养殖，首先要符合目前国内稻田养殖有关规范，其沟、塘总面积不超过总面积的 10%，按照高低水位的水体容量计算，建议平均每亩稻田建设流水槽面积不超过 4 米^2，即每 100 亩连片稻田可建设流水槽 400 米^2。稻田与池塘相结合的模式，流水槽建设面积可按（养殖水面积＋稻田面积×0.2）×5% 计算，最后确定建设流水养殖水槽面积。

二、主要优缺点

1. 优点

（1）可充分发挥生物间的互利作用　即水稻可吸收鱼类排泄物、残饵等有机物，改善水质；反过来，鱼类的排泄物、残饵等有机物又可作为水稻生长所需的有机肥源。

（2）可为保粮增粮做贡献　稻田与流水槽循环水养殖相结合后可

以大大提高单位面积的收益，从而提高农民的种粮积极性；而在浅型池塘或湿地开展种稻养鱼，可以增加水稻种植面积，从而增加粮食产量。

（3）拓展了水产养殖空间　依托面广、量大的水稻田面积发展水产养殖，增加了水产养殖总产量。

（4）进一步提高了农产品质量　首先，稻田养鱼增加了水稻生长中有机肥供给，减少了化肥使用；其次，可在流水槽养殖的同时在稻田中放入适量的蟹、鳖等水产品，捕捉水稻中的敌害生物，减少农药用量，从根本上提高稻米质量；再次，水产养殖与稻田相结合后可减少改良底质及调水产品的投入，加上流水槽养出的商品鱼也称"健身鱼"，品质更加优良。

2. 缺点

（1）养殖与种植的水位制约　养殖的水位受制于水稻种植时的水位要求，在水稻栽插及晒田时要降低水位，尤其是高温季节的低水位对养殖品种有一定影响。为避免水位制约造成的影响，养殖鱼类时应尽量考虑水稻田的水位要求，如尽量增加沟槽的深度，或考虑低水位时流水槽中养殖的鱼类正好处于鱼种阶段，载鱼量较小，或是增加低水位时的溶解氧供给等。

（2）用药的相互影响　水稻用药后会进入水体，会对养殖水产品产生直接影响，而水产品在养殖中用药也会对水稻产生一定的副作用。为减少相互影响，水稻尽量不用药或少用药，即使要用药时也尽量用低毒性的生物农药；鱼类养殖时尽量通过调节水质减少用药，用药时尽量采用内服中草药等。

三、建设方式

以连片稻田中的建设方式为例展开介绍。

基本原则要符合国家稻田养殖规范，即连片稻田中建设沟渠及流水槽设施的面积之和不超过稻田总面积的 10%，要求田面平整度高，沟渠及流水槽设施贯通，种养过程中水流畅通，流经面积大。建议每6.67 公顷稻田建设单条面积为 100 米² 的流水槽 4 条，总计 400 米²。具体建设参考方案如下。

（1）流水槽建造位置　可建在靠近主干道路的一侧，主要便于养殖物资及产品的进出。

（2）沟槽开挖

①主沟槽。建设流水槽所在的沟槽称为主沟槽，其开挖沟槽宽度必须大于计划建造流水槽的累计宽度加上操作跑道的总宽度。例如，建 4 条宽度为 5 米的流水槽，槽体间的操作跑道宽 0.5 米，则总宽度为 21.5 米；长度在允许的情况下尽量增加，槽体前后端沟槽长度均不应少于 10 米。例如，流水槽总长度为 23 米，则加上前后端各留 10 米，沟槽总长度不少于 43 米。开挖主沟槽的深度主要决定于种植水稻品种，如种植普通水稻，要求流水槽底部离田块平面最好超过 2 米；如种植高秆水稻，要求流水槽底部离田块平面最好在 1.5 米以上。

②连接沟渠。把连接主沟槽与田块而形成循环回路的其他沟渠称为连接沟渠，要求建设的连接沟渠使水流流经的面积最大化，一般可设置在靠近外围田埂的内侧，沟底深度略高于主沟槽，并适当向主沟槽倾斜，以便于干池。沟渠的截面为倒梯形，坡比不小于 1∶1.5，沟上宽在总面积不超过 10% 的前提下尽量增大。

③导流田埂。在流水槽中部按垂直方向设置导流田埂，田埂高度超过最大蓄水高度 20 厘米左右，长度直达流水槽对面的沟渠。

④机耕通道。在靠近主干道旁设置 1～2 处机耕通道，可以下埋水泥管覆盖泥土或直接用混凝土预制板搭建，宽度以方便耕作机械通行为宜。

⑤流水槽体建设。前面章节已做相关介绍，此处不再重复。与稻田相结合的流水槽建设最好使用安装方便、可移动且可重复使用的材料，以不锈钢、玻璃钢等材料为宜。

四、流水槽养殖管理

与稻田相结合的流水槽养殖管理基本同普通池塘流水槽循环水养殖中的水槽养殖管理，不同点是水位管理要适应水稻田的水位要求，在水稻栽插和晒田时实行低水位管理，开足增氧设施，增加水中溶解氧；在水稻收割后到初冬及春季加高水位，便于水槽中养殖鱼类过冬。

五、水稻田间管理

水稻栽插之前要翻耕田板泥土，施入少量基肥，水稻栽种后普通水稻的田间管理同普通稻田，但不要施用化肥，尽量减少农药使用；高秆水稻行距株距可达 0.6～0.8 米，随水稻的生长逐步加高水位，以不淹没心叶为准，一般不需要防病治虫，如劳力紧张，可考虑不晒田，稻子成熟后用船收割。

六、江苏省淡水水产研究所基地实例

1. 养殖实例基本信息

养殖基地位于江苏镇江市扬中、南京市浦口某稻田综合种养区域，主要开展河蟹家系苗种培育、稻田生态成蟹和苗种综合种养、生态循环水养殖、稻田小龙虾养殖和苗种培育等。2018 年初，建成集"稻田＋流水槽循环水养殖"于一体的流水槽循环水养殖系统，占地面积 10 公顷，同年 5 月开展草鱼、黄颡鱼的流水槽养殖，稻田环沟养殖小龙虾，中间田块种植"南粳""镇稻"等优质粳米。

2. 种养系统布局设计

（1）"稻-渔"技术理念　"流水槽循环水养殖＋稻渔共作"将底排污尾水处理及"跑道鱼"等转型分区式养殖尾水处理模式与稻渔共作相结合。稻田中进行水稻和鱼、虾、蟹的综合种养，放养的蟹、鱼可消除田间杂草，消灭稻田中的害虫，疏松土壤；稻田环沟中集中或分散建设标准流水槽，流水槽或底排污池塘集约化养殖鲤、草鱼、鲫等鱼类，养鱼流水槽或底排污池塘中的肥水直接进入稻田促进水稻生长；水稻吸收氮、磷等营养元素净化水体，净化后的水体再次进入流水槽或底排污池塘进行循环利用，形成了一个闭合的"稻-蟹-鱼"互利共生的良性生态循环系统，实现"一水两用、生态循环"（图 5-5、图 5-6）。

（2）流水槽循环水系统设计

①槽体结构。流水槽建造材料趋于多样化，主要包括砖混、不锈钢、玻璃钢、强化塑料等材质，建议选用可拆卸、易组装的新材料，因地制宜、就近取材。本案例中核心框架由 6 条不锈钢水槽和吸排污系统构成，槽体面积 600 米²，水槽外径规格，长 × 宽 × 高为 22 米 × 5

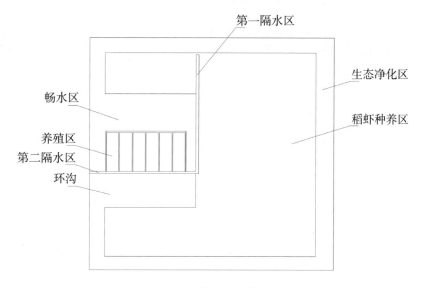

图 5-5 稻田+流水槽循环水养殖系统布局图

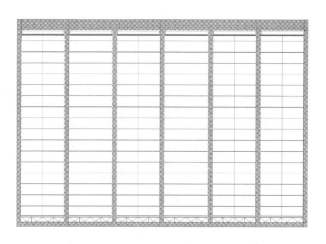

图 5-6 水槽平面示意图

米×2.5 米，槽体长、宽、高之比约为 9∶2∶1。

②设备配备。该系统配备 1 台 5.5 千瓦的罗茨鼓风机，通过管道设置集中为每个水槽提供喷气推水动力；1 台 3 千瓦的罗茨鼓风机为每条水槽集中提供盘式微孔增氧。配备 1 台 2.25 千瓦的吸污泵，一般每天开启 3 次，早、中、晚各 1 次，每次吸 5～10 分钟。

③集排污设施。每条流水槽后部安装有 4 个上口为 125 厘米×100

厘米，深为 60 厘米的漏斗，每 2 条水槽共 8 个漏斗，配备 2.2 千瓦的吸污泵，一般每天开启 3 次，早、中、晚各 1 次，每次吸 30 分钟，用于收集残饵、粪便，通过高压排污泵吸、排入稻田系统，用作肥料（图 5-7、图 5-8）。

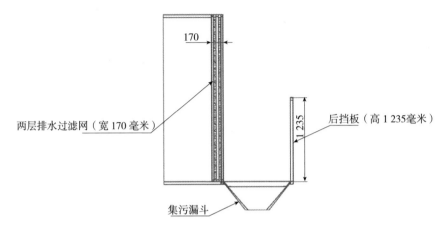

图 5-7　流水槽尾端集污漏斗

图 5-8　位于稻田中的沉淀与净化池

　　④智能化配备。每条流水槽前端配备投饵机，投饵机饵料出口前方设有扇形挡板，在扇形挡板上方设有长方形挡板，使饵料从下方出口精准进入水槽内部，防止投饵机将饵料抛出水槽外导致浪费。

　　（3）稻田综合种养系统　原稻田面积 10 公顷，进行平田整地后，划分为两个种养殖单元田块。田埂宽 0.8 米，坡比 1∶（2.5～3）。再沿田埂内四周挖环沟，上口宽 5 米，下口宽 3 米，沟深 0.8～1.0 米，面积占总面积约10%，有效水深保持1.5米以上，稻田、环沟、流水槽底部排污区相互连通。每个单元田块设置独立的进排水口，并用筛绢过滤网包裹（图5-9）。

图5-9　稻田＋流水槽循环水养殖系统全景

3. 产出情况

（1）稻田种养　采用纯生态法种植优质稻米——"镇稻"，撒播方式种植，每亩播7.5千克稻种。环沟套养河蟹和小龙虾，其中河蟹300只/亩，4月初投放。小龙虾2 000尾/亩，规格25尾/千克，于水稻秧苗出齐后开始投放，投饵量按虾体重的5%计算。当年收获小龙虾8 980千克，产量78.1千克/亩，水稻产量达360.5千克/亩。

（2）流水槽养殖　每条流水槽放养草鱼13 800尾，鱼种规格达50克/尾，当年养至规格为891.2克/尾，折算产量73.8千克/米^2，单槽草鱼产量近10 000千克。

（3）日常管理　4月在每条水槽投放单一鱼种，日投喂2次，投喂时间分别为10：00和15：00，每次投饵间隔5秒，时长10分钟，长期开启增氧机以保持水槽中溶解氧含量为6~7毫克/升，投饲蛋白含量≥32%的膨化颗粒饲料。每天早、晚定时排污，采取"低温用碘、高温用氯"的消毒方式，每10~15天消毒1次。

4. 经验和心得

（1）流水槽投喂1小时后，及时开启吸污泵30分钟以上，可最大限度收集、排出水槽尾端残饵、残留粪便，实现资源的最大化利用。

（2）利用水槽捕捞上市的便捷性，与定点的经销商开展订单生产，实现少量多次的灵活供货，提高销售单价。

（3）早、中、晚多频次投喂饵料，促进水槽内鱼体生长。

七、江苏省江阴锦湖水产流水槽与稻田结合养殖实例

2017年，江苏省江阴锦湖水产养殖有限公司开展了流水槽黄颡鱼养殖与高秆水稻种植相结合的试验生产，具体情况如下。

1. 种养殖前准备

(1) 种养塘口建设　原为浅型养殖塘口，共 4 个，2 个塘口为一组，东区一组塘口面积 0.746 公顷，西区一组塘口面积 0.813 公顷，总面积 1.559 公顷。每个塘口种养前先整改池塘结构，中间堆积为平台，长 70 米，宽 32 米，4 个池平台面积 0.893 公顷，占总面积的 57.2%，上面种植高秆水稻；四周为环沟，倒梯形，上口宽 5~6 米，下底宽 2.5~3 米，沟深 1.2~1.3 米，以保证养殖水体畅通；池埂高离田块 1.4 米。

(2) 流水槽建设　东西两边各建 2 个不锈钢材质的流水槽，4 条槽规格相同，槽内净养殖区长 17 米、宽 5 米、深 2 米。流水槽前段建有气提水装置，装有 1.5 千瓦和 3 千瓦的两台气泵，按照养殖要求交替使用。养殖后期还在整条流水槽外前部区域安装了 2 台 1.5 千瓦的气泵补充氧量。流水槽后部建有集污区，分别用两个 1.5 千瓦的吸污泵与三级净化池相连。每条流水槽净养殖面积为 85 米²，4 条槽总净养殖面积 340 米²，约占池塘总面积的 2.2%。为应急管理，流水槽系统安装了断电报警装置，断电报警可发送到管理人员的手机上，便于第一时间处置险情。

(3) 种稻区准备及栽插　平整中间区域，每亩施放经发酵的有机肥 100~150 千克并用小型拖拉机翻耕。试验池四周沟渠中配备功率 0.15 千瓦/亩的微孔管底增氧设备。水稻品种选用池塘高秆水稻，该水稻株型高大，茎秆粗壮，有发达的水生根须，无须晒田。一般在 4 月 25 日采用大棚育秧，以备用。

2. 流水槽鱼种准备与放养

放养鱼种是 2017 年 6 月 12 日从四川引进的杂交黄颡鱼水花，经 34 天培养而成，放养前在苗种塘经 2 次拉网锻炼，7 月 16 日捕捞后用活水车经半个小时的运输，放入 4 条流水槽，放养规格 5.6 厘米左右（体长），平均体重 1.9 克。4 条流水槽共放 207 060 尾，每条槽放养杂交黄颡鱼种 51 765 尾，放养密度为 609 尾/米²。由于操作规范、运输距离短，入池后翌日仅发现 4 尾死鱼。

3. 水稻栽插与沟渠放养

(1) 水稻栽插　5 月 25 日，当秧苗长到 5~6 叶时，人工移栽到池塘中间田块，株行距为 0.8 米×0.8 米，每丛 2~3 株，栽种面积为池塘水面的 57.3%，插秧后保持适当水位。

（2）环沟放养　在中间平台栽种高秆水稻后，分批放养鲢、鳙夏花 10 万尾，鳜鱼苗 100 尾，100 克以上的甲鱼 26 只，西区槽底还存塘了 10 千克鲫，在净化区进行自繁。

4. 种养管理

（1）水稻管理　池塘高秆水稻生长期间不晒田、不喷洒农药、不施水稻用肥。移栽后 1 周内，田面保持 15～20 厘米水深，让秧苗扎根、返青、发根；栽种后 2～3 周，将水位降至 10 厘米以下，以期充分分蘖。其后根据水稻的株高和养殖生产需要，逐步提高水位，以水位不淹没心叶为准。

（2）流水槽养殖管理

①投饲管理。入槽第 1 天傍晚鱼种即开始吃食，养殖全程投喂黄颡鱼专用膨化浮性颗粒饲料，粒径从 0 号料到 3 号料，饲料蛋白质含量从高到低，其中 3 号料粗蛋白质含量为 40%。开始早中晚各投喂 1 次，投喂量占鱼体重的 5% 左右，后期随鱼体长大鱼变得胆小，白天吃食少，投喂改成每天 2 次，19：00 前后 1 次，23：00 前后 1 次。每次投饲采取逐步添加的形式，以投喂后很少有鱼到水面上吃食为准。

②水质监测与调控。依靠槽中安装的水质在线监测系统对水质进行监测，可随时监测水温、pH 与溶解氧，并每天定时记录这 3 个数据。应经常清洗水中的探头，以保证数据可靠。每月取水样检测水中的氨氮及亚硝酸盐等指标。养殖期间每 10 天用一次过硫酸氢钾复合盐及芽孢杆菌或超能菌，全池泼洒改良水质。定期抽取集污槽内的鱼类排泄物，直到出现正常养殖水色为止。因蒸发等因素出现水位下降时应及时添加新水。整个养殖周期内未检测出水中氨氮、亚硝酸盐超标。

③防病。流水槽黄颡鱼养殖以预防为主，防重于治，其中腐皮病较为常见，根据鱼体状况用聚维酮碘或复合碘消毒预防，尤其是每年 3 月及 9 月最易发病，要重点做好预防工作。用药时采用化水后全池泼洒的方式。

槽外环沟放养鲢、鳙、鳜、甲鱼，平时应勤检查防逃设施，做好防逃工作，不另外投喂饲料。

5. 产出与效益情况

（1）水产品产出情况　黄颡鱼在流水槽经近 14 个月养殖后开始分 4 次捕捞，共计产出平均规格为 155 克的商品黄颡鱼 22 805 千克，产值 410 490 元；平均每条槽产量 5 701.3 千克，产值 102 622 元；每平方米产鱼约 67.1 千克，产值 1 207 元。流水槽捕捞结束后再捕捞净化区的水产品，池塘流水槽循环水养殖系统总产出情况见表 5-3。

表 5-3　池塘流水槽循环水养殖系统总产出情况

品种	数量（千克）	规格（克/尾）	单价（元/千克）	总价（元）
黄颡鱼（槽内）	22 805	155	18	410 490
鲢	5 500	167	6	33 000
鲫	960	34	5	4 800
鳜	65	1 350	56	3 640
甲鱼	16	1 000	240	3 840
黄颡鱼（槽外）	175	165	18	3 150
黄颡鱼（槽外）	75	50	10	750
合计	29 596	—	—	459 670

注：表中槽外的黄颡鱼是养殖中后期一次因停电缺氧从槽内放到槽外的。

（2）水稻产出情况　种植的高秆水稻在 11 月下旬收割，因没有晒田，水位较高，采用带水收割方式，即穿上下水裤用镰刀把成熟的高秆水稻上端50～60 厘米收割后放在泡沫板上运上岸，再晒干脱粒的方法，4 个种植区高秆水稻总产量为 2 760.4 千克，种植区平均亩产量 206 千克。加工后获取生态大米 1 700 千克，产值 15 000 元。

（3）经济效益情况　池塘流水槽循环水养殖与水稻相结合的总面积按 1.56 公顷计算，各类水产品总产量为 29 596 千克，折合每亩产量 1 264.8 千克；水产品总产值 459 670 元，折合亩产值 19 644 元；水稻收获 2 760.4 千克，产值 15 000 元；水产品与水稻合计总产出为 474 670元。整个系统的成本支出主要包括鱼种、水稻育种、饲料、电费、塘租等，合计支出 388 938.8 元，具体见表 5-4。

表 5-4　系统成本支出

序号	科目	种类	数量	单价	总价（元）
1	流水槽鱼种	黄颡鱼	207 060 尾	0.12 元/尾	24 847.2
2	饲料	黄颡鱼膨化浮性颗粒饲料	32 700 千克	7 900 元/吨	258 330
3	其他鱼种				2 000
4	水稻育种				500
5	电费		36 936 度	0.6 元/度	22 161.6
6	塘租		1.5 年	1 000 元/亩	35 100
7	药与调水剂				16 000
8	人工				30 000
合计					388 938.8

　　整个系统的总产值 474 670 元，扣除总支出 388 938.8 元，净利润为 85 731.2 元，系统具体收益情况见表 5-5。

表 5-5　系统具体收益情况表

总面积（亩）	总产值（元）	总成本（元）	总利润（元）	平均利润（元）
23.4	474 670	388 938.8	85 731.2	3 663.7

6. 总结

　　（1）取得显著的经济效益　该试验点 1.56 公顷流水槽循环水养殖与种稻相结合，共获得净利润 85 731.2 元，平均利润 3 663.7 元，尤其在当年商品黄颡鱼塘边售价仅为 18 元/千克的情况，其经济效益已较为显著；水产品总产量达 29 596 千克，折合亩产 1 264.8 千克；水稻总产量 2 760.4 千克，种植区平均产量每亩 206 千克；其中流水槽内杂交黄颡鱼产量约 67.1 千克/米^2，整个系统黄颡鱼总产量 23 055 千克，折合平均产量每亩 985.7 千克，均达到了较好的生产效果。该试验点共投喂黄颡鱼浮性颗粒饲料 32 700 千克，测算黄颡鱼饲料系数为 1.42，略低于周边池塘黄颡鱼的饲料系数，说明流水槽养殖杂交黄颡鱼是可行的。整个养殖周期共产出商品黄颡鱼 149 796 尾，成活率为 72%，成活率不很高的原因是 2017 年 8 月 31 日在使用过硫酸氢钾复合盐不当后产生药害，在槽内超量使用过硫酸氢钾复合盐后鱼体发生严重应激反应，大量分泌黏液，造成缺氧死亡，因此对黄颡鱼产生较大应激反应的物品

必须慎用。

（2）流水槽循环水养殖与种稻相结合体现出生物互利优势　首先，水稻在生长过程中吸收了鱼类残饵、粪便。按普通水稻田每亩需要施加1 000～1 500千克有机肥推算，这种生产方式按水稻产量为普通水稻的1/3测算，在种植区每亩也可吸纳残饵与粪便330～500千克，再按照水产品每采食1千克饲料产生300克排泄物计算，即种植每亩水稻可以吸纳1 100～1 670千克饲料产生的有机残饵与排泄物，该试验点种植的0.893公顷水稻理论上可消纳14 735～22 370千克因投喂饲料产生的有机残饵与粪便，消纳量占总投饵量的45%～68%，在实际生产中经多次检测也确实没有检测到氨氮与亚硝酸盐超标的现象，因此，利用水稻种植吸收池塘流水槽循环水养殖生产中产生的残饵与粪便效果明显。其次，养殖中产生的残饵与粪便为水稻提供了生长所需的营养，不仅减少了肥料、农药的投入，降低了生产成本，而且通过这种生态种养结合模式，可以获得优质的生态大米，获得更高的经济效益。

第六章
池塘流水槽循环水养殖技术模式效益分析

第一节 经济效益分析

党中央、国务院一直高度重视水产品稳产保供工作，2020 年初新冠肺炎疫情发生以来，国务院联防联控机制将水产品列入疫情防控期间生活必需品保障范围。习近平总书记指出，"要不失时机抓好春季农业生产，促进畜牧水产养殖业全面发展""要解决好畜牧水产养殖面临的困难"。保供给的前提是确保养殖空间，近年来由于生态环保等因素，许多传统水产养殖区域被侵占或拆除，5 年内水产养殖面积下降 100 多万公顷，当前水产养殖面积为近 10 年来最低，养殖空间面临前所未有的挑战。由于新冠肺炎疫情在全球蔓延，目前全球粮食安全和贸易正面临着严峻考验，我国大豆、畜产品等农产品的进口面临诸多不确定性。在国内，非洲猪瘟对养猪业的影响，造成了猪肉市场较大的供需缺口和价格上涨，也亟须水产品作为替代品加快发展，保障市场供应。加之养殖水产品具有节粮、节地、节水、饲料转化率较高，以及高蛋白、低热量、低胆固醇、富含 DHA 和 EPA（高度不饱和脂肪酸）的特点，符合消费者健康需求，发展以池塘为重点的水产养殖，既是当前的急需，也是实施"健康中国"战略的需要。据测算，为满足国内居民水产品消费需求，到 2025 年水产品供给量需达 6 785 万吨，2030 年（人均 50 千克）总量需达到 7 500 万吨，都主要依靠养殖。池塘养殖作为主要养殖方式，在水库、湖泊、河流中的网箱、网围、网栏基本被拆除以后，其保障水产品供给的地位就更加凸显。流水槽循环水养殖技术模式是一种新型养殖技术模式，实施改造后的池塘，平均亩产量可提高 2 倍以上，且发病率大大降低，渔药使用量减少 80%

左右，在提高养殖效率的同时，养出的水产品质量更加安全、美味、多样，水产养殖综合经济效益更加明显。因此，加快实施和推广流水槽循环水养殖技术模式是池塘养殖的新增长点，既能保住水产养殖的基本盘，确保国家粮食安全，大幅提高水产养殖经济效益，又能加快养殖池塘的尾水治理工作，实现养殖尾水全面达标排放。

按照全国适宜池塘 500 万亩（占全国淡水池塘面积的 17％左右）改造建设为流水槽循环水养殖技术模式，平均亩产提高 1 倍计算，目前全国淡水池塘平均亩产量 750 千克左右，则可以增加养殖鱼类产量 375 万吨，按照鱼类平均价格 12 元/千克计算，可增加产值 450 亿元。

因此，池塘流水槽循环水养殖技术模式的示范推广，从宏观来看，可以为满足全国人民对优质蛋白的需求提供一定的保障，为实施"健康中国"战略提供技术支撑。从微观来说，养殖企业一方面可以提高单位面积产量，同时因管理水平的提高可以较大幅度降低生产成本；另一方面因产品质量提高可以提高销售价格，养殖经济效益可以进一步提高。

第二节　生态效益分析

水产养殖既是我国水产品生产的主要方式，也是水域生态环境的重要组成部分，随着《水污染防治行动计划》（"水十条"）、党中央国务院《关于全面加强生态环境保护坚决打好污染防治攻坚战的意见》等一系列生态环境治理方案的出台，对水产养殖提出了环保方面的更高要求。但是，全国各地的池塘目前虽然已经有了新的养殖规划，但由于各地缺乏资金支持，整体的改造规划还基本未启动，水资源循环利用率普遍不高，养殖尾水缺乏有效处理是水产养殖业的短板。近年来，因养殖尾水排放问题导致传统水产养殖场被关停的事情时有发生，引发社会矛盾。与此同时，各地生态环境部门正陆续制定出台养殖尾水排放地方强制性标准，一旦正式实施，将会有更多未达到尾水循环利用或未达标排放的养殖场面临环保处罚，将会对水产养殖业产生巨大影响。推广实施流水槽循环水养殖技术模式的池塘，能够大量减少尾水排放和废弃物积累，提高水资源利用率，平均节水 30％～70％，部分建设标准高的生产基地或渔业园区，可实现养殖用水 100％循环利用。因此，以流水槽循环水养殖技术模式作为养殖池塘改造和尾水治理为突破点，可以全面提升水产养殖节能减排和污染防控能力，尽快实现养殖尾水循环利用或达标排放，具有十分显著的生态效益。

一、空间节约分析

近几年，中国流水槽循环水养殖发展速度加快，由过去的分散型向快速发展的技术密集型转变，生产投资规模和养殖技术创新较发展前期均有提升，淡水流水槽循环水养殖规模达 1 625 多万米^3，养殖种类有鳗、鲟、笋壳鱼、罗非鱼、中华鳖、鲑鳟、娃娃鱼等。但受水处理成本压力的影响，养殖方式仍以流水养殖、半封闭循环流水养殖为主，尚未形成规模化全封闭循环流水养殖。

但是，随着渔业供给侧结构性改革的深入推进，各地将"池塘流水槽循环水生态养殖"技术模式及其变型技术模式作为渔业经济转型升级和提质增效的重要途径。稻田综合种养通过将"稻田＋流水槽循环水养殖"有机结合，通过适当的稻田工程，实现种植与养殖一地两用，提高农田利用率、产品质量和生产效益；既能藏田于民，确保我国的粮食安全，又能提高农民种粮的积极性，提高经济效益。

该综合种养技术实现了"一水两用，一田双收"。生产实践表明，"稻田＋流水槽循环水养殖"系统流水槽内养殖黄颡鱼的单位水体产量可达 50 千克以上，1 米^3 水体产鱼量相当于 36.3 米^3 常规池塘精养黄颡鱼产量，水体利用率是常规池塘的 36.3 倍。而流水槽养殖草鱼单位水体产量达 70 千克以上，1 米^3 水体产鱼量相当于 49.2 米^3 常规池塘养殖草鱼产量，水体利用率达到常规池塘养殖的 49.2 倍，单位土地种养产量和效益显著提高。

按在全国适宜地区稻田中推广 200 万亩计算，每 100 亩稻田为 1 个生产单元，可以建设养殖水槽 500~600 米^2，合计水槽面积 1 000 万~1 200 万米^2，按照平均 1 米^3 水体产 50 千克计算，可增收水产品 50 万~60 万吨。而全国常规池塘养殖平均亩产量 750 千克左右，上述水产品需要 67 万~80 万亩池塘才能实现。

二、资源节约分析

传统水产养殖通过高换水量、高投饵料量和高渔药投入量换来高

149

产，养殖尾水中含大量残饵和粪便，对江河、湖泊等水环境造成较大的污染负荷。池塘流水槽循环水养殖技术模式及其变型技术模式，其水槽设施占池塘（稻田）总面积的 2%～5%，水槽中进行高密度集约化养殖，可以对整个水域（稻田）95% 以上的面积进行水质净化，同时还可进行虾蟹及稻的生产，系统中的生产用水通过集污系统和自身净化得以在全生产周期内循环利用，投喂的营养物质（饵料、肥料）通过各级食物链得以充分利用。据测算，1 吨淡水鱼产生的粪便相当于 20 头猪的粪便量，这些废弃物通过"流水槽循环水养殖"和"稻田综合种养"这种全新的农业综合生产方式，使池塘养殖从"封闭净水"变为"循环流水"，使养殖产生的残饵、粪便等废弃物变成水稻及水生植物、滤食性鱼类、虾蟹类等生长所需的营养物质，实现"一水两用"，实现了变废为宝。"稻田＋流水槽循环水养殖"技术模式，通过虾蟹在稻田里的活动清除稻田中的害虫、杂草及病叶，为稻田松土、增加肥料，全程不添加化肥农药，既减少了水稻农药、肥料的开支，又提高了稻和水产品的品质，确保质量安全，利于农民可持续增收，为未来渔业、大农业可持续发展提供了一种全新的技术模式。

三、环保节约分析

我国是水产养殖大国，2019 年全国水产养殖面积 710.67 万公顷，养殖总产量达到 5 079 万吨，占全国水产品总产量的 78.4%，占世界养殖总产量的 60% 以上。其中，鱼类总产量达到 2 708.61 万吨，占养殖总产量的 53% 以上，甲壳类总产量为 567.44 万吨，贝类总产量为 1 457.94 万吨，藻类总产量为 254.39 万吨。池塘养殖（其中淡水池塘面积 3 967 万亩，占淡水养殖总面积的 51.69%，占总养殖面积的 37.2%）在我国渔业经济中占有举足轻重的地位，对推动农业产业结构调整和农村经济全面发展具有巨大作用。但随着工业化与农业现代化进程的加快，我国渔业水域生态环境的污染已非常严重，在现阶段情况下，养殖环境恶化，病害发生率较高，外源投入品量大，水产养殖耗费的水资源增多，基础设施薄弱、池塘设施老化、水处理设施普遍缺乏的短板也逐步暴露出来，这些问题的存在从根本上影响了水环境和水产品质量，限制了水产养殖业可持续发展，影响了养殖水域环境和水产品质量安全，大部分养殖尾水未经处理直接外排也成为湖泊及部分近海富营养化的氮、磷来源之一。

根据第 2 次全国污染源普查公报，2017 年全国水产养殖水污染排放量：化学需氧量 66.60 万吨，氨氮 7.50 万吨，总氮 9.91 万吨，总磷 1.61 万吨，分别占总排放量的比例为 3.11%、3.26%、5.10%；占农业源的比例为 6.24%、7.00%、5.1%、7.59%。

党中央、国务院高度重视水产养殖池塘改造和尾水治理工作。2019 年 1 月，经国务院同意，农业农村部等 10 部门联合印发的《关于加快推进水产养殖业绿色发展的若干意见》提出"大力实施池塘标准化改造，完善循环水和进排水处理设施，支持生态沟渠、生态塘、潜流湿地等尾水处理设施升级改造""推动养殖尾水资源化利用或达标排放"。各地已陆续加大对池塘改造和养殖尾水治理的支持力度，提高养殖池塘的基础设施水平，并通过立法推动淡水养殖用水排放治理，以改善水域生态环境，促进水产养殖业绿色高质量发展。综上所述，通过各种模式和工程的创新与应用，实现养殖尾水净化与达标排放将是未来水产养殖必然方向。

根据农业农村部编制的《全国池塘尾水治理规划》，2021—2025 年，计划累计改造池塘 1 954.62 万亩，约占养殖池塘总面积的 45.46%，水产养殖主产区池塘养殖尾水排放达到生态环境部门制定的强制性排放标准或者《淡水池塘养殖水排放要求》（SC/T 9101—2007）中一级标准，优美养殖水域生态环境基本形成，水产养殖业绿色发展取得显著成效。2026—2030 年，计划累计改造池塘 1 226.56 万亩，约占养殖池塘总面积的 28.53%，基本实现池塘尾水治理建设全覆盖。2031—2035 年，计划累计改造池塘 775.98 万亩，约占养殖池塘总面积的 18.05%，完成全部养殖池塘改造，养殖尾水全面达标排放，池塘养殖实现专业化、标准化、规模化、集约化，产品优质、环境优美、装备一流、技术先进的水产养殖生产现代化基本实现。

浙江、江苏等省份在前几年就已经启动了池塘养殖尾水治理工作，浙江省德清模式、江苏省昆山模式等尾水治理试点，已经成为全国池塘养殖尾水治理的样板。

一是复合人工湿地尾水处理模式（园区治理模式）。在池塘养殖集中连片区域，采用生态沟渠、沉淀池、表流湿地、潜流湿地等多种类型人工湿地组合来处理水产养殖尾水。广州、苏州等地的部分池塘改

造采用了这种模式，按园区整体规划，净化工程与养殖工程同步考虑，通过升级改造，推进三产融合、循环发展。这种模式适合集中连片池塘养殖区域、经济较发达地区的尾水治理。

二是"三池两坝"（稳定塘＋过滤坝）尾水治理模式。浙江德清推广的"三池两坝"系统为典型模式。该模式通过对进排水体系、养殖池塘进行整体规划，运用沉淀、过滤、微生物分解、动物（鲢、鳙、河蚌）净化、植物（挺水植物沉水植物、水生蔬菜）转化、曝气等技术处理池塘养殖尾水，构建"沉淀池＋过滤坝＋曝气池＋过滤坝＋生物净化池"系统，或"河道/排水生态沟渠-初沉Ⅰ区-溢流坝-硝化/反硝化Ⅱ区-过滤坝-曝气复氧Ⅲ区"系统，养殖用水处理后达标排出或回到养殖池塘。可配套建设在线监测、自动控制系统，提高自动化程度。该模式需占用5％～15％（因养殖种类、模式而异）的土地，平均10％左右，是今后小流域和（或）集中连片池塘养殖尾水治理的主要模式。江苏、安徽等地推广的"池塘三级循环水系统"也属于这种模式。有的地方在"三池两坝"基础上，进一步拓展为"四池三坝或二坝"。

三是池塘流水槽循环水养殖技术模式。该模式将工厂化循环流水养殖的技术原理应用于淡水池塘养殖，将主养品种置于流水槽（22米×5米×2米）中，槽外的大池塘用于鱼粪收集和水处理，是池塘养殖的一项革命性的变革。该模式包括养鱼流水槽、鱼粪集污池、集污装置、推水增氧装备、起鱼吊装设备、鱼菜共生装置、导流坝等。草鱼流水槽养殖密度可达80千克/米^3。目前，全国已建5 000多个养殖水槽，江苏省最多，其中以吴江区、建湖县的模式较为典型。这种模式不占地，适合连片且有一定规模的池塘。不足之处是集污效果只能达到20％～30％。为弥补这方面的不足，流水槽外的大塘水再用鲢、鳙、河蚌、水生蔬菜等进行生物净化。"塘外集污＋池内原位净化"，基本可以实现养殖粪污的资源化利用。采用池塘流水槽循环水养殖技术模式，养殖用药减少90％，养殖的鱼类无土腥味，捕捞省工省力，养殖效率大幅度提高。

该规划已明确将池塘流水槽循环水养殖技术模式列入全国池塘养殖尾水治理推荐技术模式之一。

2019年，江苏省农业农村厅联合省生态环境厅印发了《关于开展全省养殖池塘生态化改造实施方案（2019—2022年）编制工作的通知》

（苏农渔〔2019〕18 号），明确了各地实施池塘生态化改造过程中有关规划设计、改造标准、配套设施、周边环境、长效管理等方面的要求，通过实施生态化改造，建设一定比例的尾水净化区及配套相关尾水处理设施等，促进池塘养殖尾水达标排放。江苏省市场监管局、生态环境厅还于 2019 年启动了《池塘养殖尾水排放标准》的制订工作。

全国其他省（直辖市），如浙江、上海、安徽等，也已经开展了池塘养殖尾水的治理工作，并将流水槽循环水养殖技术模式作为池塘养殖尾水治理的一个重要技术模式进行示范推广。因此，从生态环境保护来看，流水槽循环水养殖技术模式将会起到十分重要的作用。

第三节 社会效益分析

一、带动乡村振兴战略和水产养殖业绿色发展

党的十九大提出实施乡村振兴战略，水产养殖业作为农业的三大产业之一，是我国许多地区基层乡村的重要支撑和富民产业，渔业兴旺、渔村美丽、渔民富裕是乡村振兴的重要组成部分。养殖池塘改造建设流水槽循环水养殖技术模式是开展池塘养殖尾水治理的重点工程，是传统水产养殖由增产导向转向提质导向、推进水产养殖业绿色发展的重要举措。养殖池塘改造建设流水槽循环水养殖技术模式集成了工程、生态、生物、化学等领域技术，具有循环性、集约性、生态性等特点，可实现精细、精准、精确管理，切实降低因污染排放带来的关停、罚款等成本。在保障和提升养殖产能的基础上，还可推动传统养殖池塘进行景观化休闲化改造，充分拓展水产养殖内涵，丰富池塘湿地生态和文化景观功能，促进水产养殖生产与休闲娱乐、观光旅游、餐饮文化等有机融合，改变渔民单一作业方式，提升渔区经济发展水平。因此，示范推广养殖池塘改造建设流水槽循环水养殖技术模式，可为水产养殖业转型升级、帮助渔民增收、促进渔业兴旺奠定重要基础。

二、拉动内需，促进就业和恢复经济发展

近年来，特别是 2020 年新冠肺炎疫情的突然发生，给我国经济和社会发展带来了前所未有的挑战，农村就业、农民收入、民间农业投

资等都受到很大的影响。为减轻国内外复杂形势对农业和农村经济的影响，启动补短板的重大基本建设应是合理的政策选项。示范推广养殖池塘改造建设流水槽循环水养殖技术模式工程，是渔业经济和重点渔区发展中的一项重大基础设施建设，需要对池塘以及配套的进排水渠道、道路、桥涵闸、尾水处理、供电、水质监测，以及养殖装备等进行整体规划和补充完善，以提升养殖池塘的生产能力和现代化设施装备水平，为此，需动用大量的土石方工程，需要消耗大量的钢材、水泥等建筑材料，也需要大量的增氧机、鼓风机、水泵、弧形筛、电增容、水质监测和自动化控制设备等。启动这样一个大的建设工程，对拉动经济增长，促进农村就业和恢复国内经济增长，无疑具有较大作用。如果各地对现有 266.67 多万公顷老旧池塘中 20% 的面积示范推广改造建设流水槽循环水养殖技术模式工程，按照目前的治理标准，需要 1 000 亿元左右的投资总量。在政府投资引导下，调动企业、个人、银行等多个投资主体的积极性，可以有效发挥投资的乘数效应，持续拉动经济增长，增加农村就业和农民收入。

参 考 文 献

江育林，陈爱平，2012. 水生动物疾病诊断图鉴［M］. 北京：中国农业出版社.
战文斌，2011. 水产动物病害学［M］. 北京：中国农业出版社.

图书在版编目（CIP）数据

池塘流水槽循环水养殖技术模式/全国水产技术推广总站组编 . —北京：中国农业出版社，2021.12

（绿色水产养殖典型技术模式丛书）

ISBN 978-7-109-28307-7

Ⅰ.①池… Ⅱ.①全… Ⅲ.①池塘养殖 Ⅳ.①S955

中国版本图书馆 CIP 数据核字（2021）第 100553 号

中国农业出版社出版

地址：北京市朝阳区麦子店街 18 号楼

邮编：100125

策划编辑：武旭峰　王金环

责任编辑：王金环

版式设计：王　晨　责任校对：吴丽婷

印刷：北京通州皇家印刷厂

版次：2021 年 12 月第 1 版

印次：2021 年 12 月北京第 1 次印刷

发行：新华书店北京发行所

开本：700mm×1000mm　1/16

印张：10.75　插页：8

字数：220 千字

定价：38.00 元

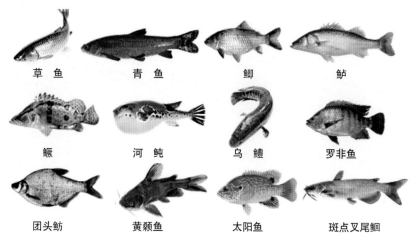

草　鱼　　　　　青　鱼　　　　　鲫　　　　　　鲈

鳜　　　　　　河　鲀　　　　　乌　鳢　　　　　罗非鱼

团头鲂　　　　　黄颡鱼　　　　　太阳鱼　　　　　斑点叉尾鮰

池塘流水槽循环流水养殖的主要品种

流水槽养殖模式（贵州）
（图片来源：烟台申航物联网技术有限公司）

流水槽养殖模式（吉林）
（图片来源：烟台申航物联网技术有限公司）

流水槽养殖模式（江苏）
（图片来源：烟台申航物联网技术有限公司）

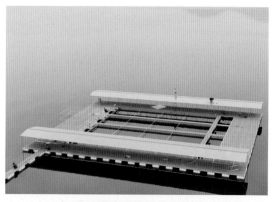

流水槽养殖模式（山东）
（图片来源：烟台申航物联网技术有限公司）

公园式池塘流水槽循环流水养殖场　　　　　　池塘流水槽循环流水养殖系统的净化区

建在湿地公园中的养殖水槽系统（盐城市大丰区）

建在两个蟹池中间的养殖水槽系统　　　　　建在水稻田中的养殖水槽系统

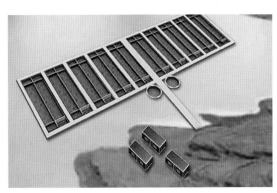

建在湿地公园中的养殖水槽系统　　　　　建在水库库湾的养殖水槽系统

正在成产的养殖水槽（建湖正荣公司）

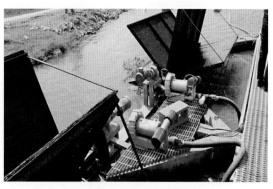

明轮式推水增氧系统

罗茨鼓风机

旋涡鼓风机

集中供气的罗茨鼓风机厂房

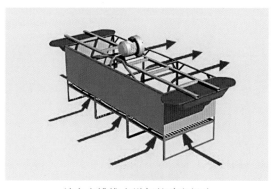

单个水槽推水增氧的独立机头

集中供气式的旋涡鼓风机并联

主送气管道与机头的连接

推水增氧系统固定式机架

推水增氧系统固定机架的安装

人工湖上的浮式水槽养殖系统

推水增氧移动式机架

推水增氧浮式机架（挡水板被淹）

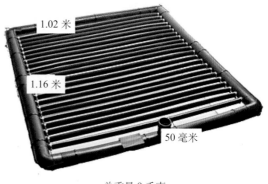

总重量 9 千克

曝气增氧格栅

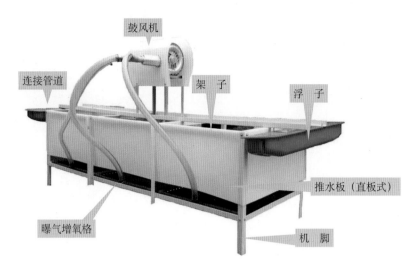

浮式曝气增氧系统成品结构

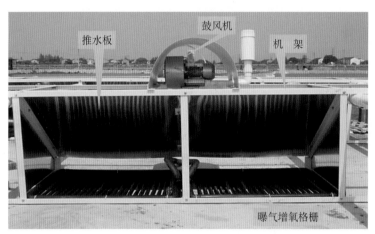

曝气增氧格栅在机架上的位置与安装

安装在机架上的曝气增氧格栅

非标组装的曝气增氧格栅

施工中的钢筋混凝土整体浇注结构

混凝土浇注墙体模板成型

成型的塑料板结构水槽

成型的玻璃钢一体结构水槽

施工中的工厂化组装结构水槽

成型的帆布结构水槽

不锈钢组装结构水槽

成套组装结构水槽

自制组装结构水槽

水槽尾端平底和坡底结构对比试验

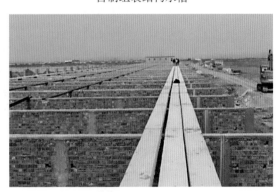

成型的砖砌水槽墙体

砖砌水槽墙体水泥抹面施工

砖砌水槽施工（先做墙体、后浇底板）

成型的水槽（从尾端看）

推水增氧机头安装位的处理

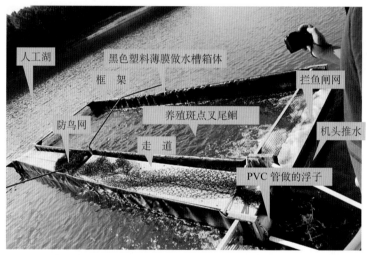

浮动式养殖水槽结构（美国奥本大学设在内湖中的设施）

进水端防撞网的设置

底增氧机的设置

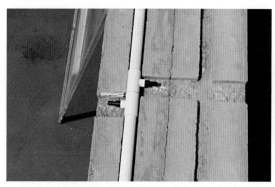

底增氧管道接头设置

底增氧管设置

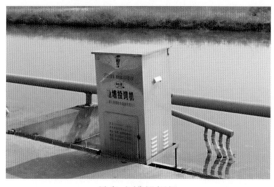

单条水槽投饵机

集中式投料系统散料仓

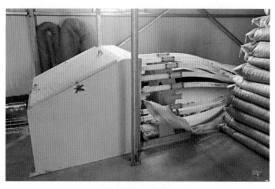

散料输送装置

投料控制箱

水槽上的投料喷口

水槽上方增设遮阳网

平底式集污道结构（单轨）

平底式集污池结构（双轨）

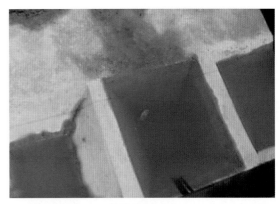

锥形式集污池

安装微滤机的水槽

单轨式吸污设施

平底双轨式吸污设施

平底单轨式吸污设施

牵引式吸污设施

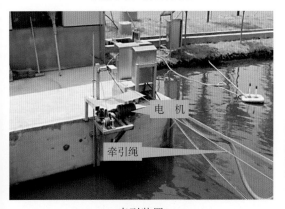

牵引装置

虹吸式吸污设施

虹吸式吸污设施

气提式吸污设施

可以输送鱼种的水槽

鱼种通过水槽进入养殖水槽

通过集污池将成鱼送入起捕池

简易的沉淀池

过滤坝中使用的陶粒

建在池塘中的养殖水槽系统

养殖水槽与湿地公园结合

导流坝作为风景点

水槽导流坝与景观小岛结合

土质导流坝

水槽导流坝与景观结合

板墙式导流坝

板墙式导流坝

净化区中的防浪堤

水车式增氧机

净化区中的水生植物浮床

毛竹搭建的水生植物浮床

毛刷（可用线绳固定在水中）

动力控制柜

柴油发电机

柴油机与鼓风机直接连接

移动电站作为应急电源

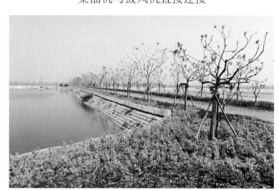

养殖区的绿化

公园式养殖小区

生产生活用房

循环养殖系统控制盒

河蟹池塘＋池塘工程化循环流水养殖系统建设过程

河蟹池塘＋养殖水槽系统

位于稻田中的沉淀与净化池

稻田＋养殖水槽系统全景